U0077782

科特勒談新行銷

大師給企業的新世代行銷建議

菲利浦・科特勒（Philip Kotler）、陳就學（Hermawan Kartajaya）、
許丁宦（Hooi Den Huan）、傑克・姆斯里（Jacky Mussry）著
林步昇 譯

Entrepreneurial Marketing
Beyond Professionalism to Creativity, Leadership, and Sustainability

目錄

推薦序

《科特勒談新行銷》是最適合下一代行銷人員的禮物。本書可說是一本操作手冊，適合作家亨利．大衛．梭羅（Henry David Thoreau）所謂「關懷世人的良心企業」。

本書架構既實用又經實證，可供二十一世紀的行銷人員打造彼此協作的永續文明，而書中嚴謹的考究無可挑剔。

我建議各位讀者可以隨身攜帶《科特勒談新行銷》（即科特勒筆下知名《行銷管理》的續作，《行銷管理》至今已改版到第十六版！）。本書是所有執行長、財務長、資訊長等高階主管必讀作品，清楚說明不少財會分析工具，同時深入探討未來行銷發展方向，以及如何保持彈性和覺察，因應企業內部管理常有的張力。

——羅斯．克萊恩（Russ Klein）*

* 曾任李奧貝納（Leo Burnett）與博達華商（Foote, Cone & Belding）等廣告公司主管、全美餐飲集團 Inspire Brands（旗下企業包括 Arby's、7-Eleven、Dr Pepper/7UP、Church's Chicken 等）行銷長、漢堡王全球事業部總裁、美國行銷協會執行長

前言

瞬息萬變的時代，創業行銷是企業的出路

過去數年來發生了許多翻天覆地的變化，諸如科技進步顛覆了我們溝通的方式，以及嚴重特殊傳染性肺炎（COVID -19）疫情肆虐全球等。雖然種種巨變仍存在不少變數，但可以確定的一點是：商業環境永遠不一樣了。

這其中當然也包括行銷。過去，按照標準流程的傳統行銷方法也許能一次又一次帶來滿意的結果。在本書中，我們把這類方法稱作「專業行銷」，通常與市場區隔、目標界定、產品定位等概念相關。這類方法步調緩慢、按部就班，也許十分適合過去關係較不緊密的時代。

但現在情況截然不同。當今世界節奏飛快、瞬息萬變，所需的行銷策略必須適應各種環境、適時靈活調整。創業思維的行銷可能正是組織相互連結、保持彈性與追求成果

的關鍵。

儘管創業行銷的概念本身並不新奇，但現在亟需拓展其中的意涵。**創業行銷起初的定義是指行銷和創業精神兩相結合。然而，有鑑於全球各地近期發展，這項方法必須納入更廣闊的視野，或說是全局的觀點**。這得整合企業所有部門，而不能像過去行銷（與其他職能）維持各自的「壁壘」，也需要讓創業思維與專業思維合流。

隨著我們思考全球疫情對世界的衝擊，創業行銷這個全新類別便成為焦點，而當我們評估目前能促進彼此交流的各項技術，創業行銷的重要性依然不減。展望未來數年，我們則看到聯合國永續發展目標（SDGs）等倡議的期限即將到來；聯合國於 2015 年頒布這些目標時，目的是要在 2030 年前終結貧窮、保護地球。

在某些方面，全新的創業行銷其實早已奠定基礎。就以線上科技為例。顧客可以輕鬆搜尋所需商品、認識企業並購買。大小企業均可參與這類互動式溝通，等於開闢了不同管道來強化顧客參與度、提高顧客留存率與忠誠度。

創業行銷讓上述本領更上一層樓，不僅僅設法與顧客建立連結，更要與他們直接對話，這樣更加親力親為。（想知道解決方案是否奏效？不必等報告了，直接問顧客吧！）

此外，隨著數位科技的進步，整合組織不同職能變得更加方便。創業行銷可以與財務部門、IT 部門、營運部門進行互動，同時協助領導者（或發揮領導功用）、制定計畫推行策略；**創業行銷不僅提倡創新，也能迅速回應外部變化。說穿了，創業行銷能為組織與股東加值。**

你也許愈讀愈覺得，創業行銷這個全新類別聽起來有點像創業家，沒錯，你的直覺十分準確。**創業行銷鼓勵冒險又成（結）果導向**[1]**，同時渴望提高生產力、不斷尋找進步契機**[2]。創業行銷潛力無窮，只待你挖掘利用。

Chapter 1

時代巨變後，新世代行銷的解答

——創業行銷的模型

隨著商業環境迅速變化，加上全球受到 COVID-19 疫情的衝擊，我們需要更加全面的新穎行銷方法——這可以幫助組織打造穩固的基礎，以面對當下各式各樣的難題，未來更是如此。在本章中，我們要探討創業行銷這個全新類別的不同要件。

為了更容易理解創業行銷這個全新類別，我們會運用「全能屋模型」（omnihouse model）的架構（參照圖 1.1）。這個模型顯示出，我們對於落實創業行銷的看法，同時顯示如何把落實方式與整個組織整合。我們在本書中會把這個架構當作重要參考。

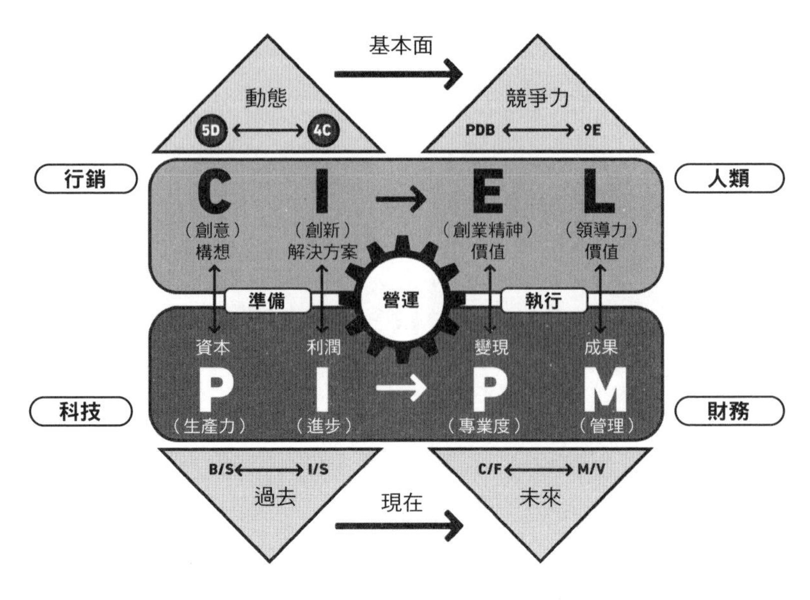

圖 1.1　全能屋模型

Omni 來自拉丁文 omnis，意思是「結合」。在這個架構名稱中，omni 與 house 擺在一起，house 這個單字代表地方、設施或企業。因此，「全能屋」指的是結合多樣要件的組織，每個要件都發揮各自的作用，同時也與企業其他部分進行合作。

全能屋模型這個架構可以用來執行策略、落實具體目標。我們會在此簡單討論一下，並在接下來的章節中，深入剖析不同的組成要件。

這個模型的核心分成兩個區塊。第 1 個是創業區塊，包括四大要件：創意（creativity）、創新（innovation）、創業精神（entrepreneurship）和領導力（leadership），合稱 CI-EL；第 2 個是專業區塊，同樣包括四大要件：生產力（productivity）、進步（improvement）、專業度（professionalism）和管理（management），合稱 PI-PM。

值得注意的是，兩個區塊周圍是發揮其他職能的角色，彼此產生交互作用，並且都受到動態的影響（參照圖 1.1 左上角），而動態由五大驅動因子構成：科技、政治法律（包括法規）、經濟、社會文化、市場。這五大驅動因子統稱為「改變」，在在影響其他 4C 要件：競爭對手、顧客和企業。

正如模型右上角的競爭力三角所示，這個動態要件是**擬定行銷策略**和**戰術**的基礎。在這個三角中，PBD 代表**定位**、**差異化**和**品牌**，負責鞏固行銷其他要件：市場區隔、目標界定、行銷組合、銷售、服務和流程。

動態要件也是刺激構想的基礎，進而帶來了創意。這些構想可以再轉化為創新，為顧客提供具體的解決方案。這些創意獨具的構想，必須有效地運用企業的各種資本，而提供給顧客的解決方案則需要促進進步，以帶給企業更高利潤。因此，**創意／創新和生產力／進步要件的結合，足以影響資產負債表（B/S）和損益表（I/S）**。

企業唯有延攬具有堅定的創業精神和領導力的人才參

與管理，創意和進步這兩大要件才能產生競爭力。價值創造是創業家的責任，領導者則要維護價值。然而，我們也需要以扎實的專業度和管理，來支持創業精神和領導力。最後，這樣的環境條件就可以推動企業發展。

我們在資產負債表和損益表上會看到過去的成果，而我們現在採取的行動，特別是大力結合創業精神／專業度和領導力／管理等要件，則會決定企業的現金流（C/F）和市場價值（M/V）。因此，我們便能綜觀組織未來的績效。

正如全能屋模式所顯示，行銷與財務必須兩相整合，科技與人類也要同步。人類一詞指的是主要利害關係人，即民眾、顧客和社會。整體來說，這些職能輔助各種行動，進而獲得財務和非財務成果。

另外也要特別注意，**這個模型的中心是營運。這個角色把行銷目標付諸執行，同時確保財務目標得以實現。**營運也是使用科技的橋梁，最終會對人類產生影響。營運能力與其他能力交互作用，讓企業在產業內不斷前進，保有競爭力。營運能力也讓組織能迅速適應商業環境的任何變化。

突破行銷盲點

「行銷短視」（marketing myopia）指的是，**企業過度專注於生產產品或服務，忽略顧客的實際需求和期望。**希奧多・李維特（Theodore Levitt）在 1960 年提出這個概念，隨後數十年變得愈來愈普及。

針對這個問題，許多企業採取「顧客為本」（customer-centric）的方法，把顧客當作產品和服務開發的起點，在不同接觸點都優先考量顧客體驗[1]。

問題是，這有用嗎？也許對部分企業有用。然而，「顧客為本」這個新方法其實造成其他問題，也就是我們所謂的「行銷盲點」。我們先針對盲點加以定義，看看問題出在哪裡，接著討論創業行銷如何因應這些挑戰。

我們可以把行銷盲點定義為**企業適當地推動多項行銷管理流程，卻沒有發覺其中仍然有許多不相關的要件，沒有人關注其他可能影響行銷執行面的動態**。到頭來，這些盲點恐怕會成為企業的阻力，最終導致企業失去競爭力。

以下要探討常見的行銷盲點：

盲點 1：忽略總體環境

總體環境（macroenvironment）的局勢會影響個體環境（microenvironment）。在行銷學中，這分成策略面和戰術面。行銷策略的制定必須參照企業策略。與此同時，企業策略主要受制於現有總體經濟條件。然而，行銷在實務上往往不太重視總體經濟。舉例來說，行銷主管可能難以把總體環境的現象，連結到企業內部的戰術擬定。

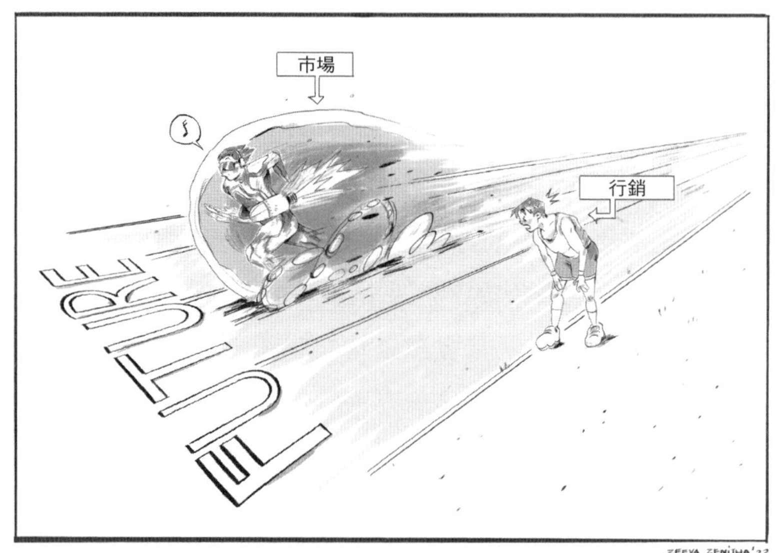

圖 1.2　行銷與市場

我們在此對行銷的定義是「與市場連動的行銷」（market-ing 而非 marketing；譯註：這裡的連字號是要凸顯「-ing」，即市場不斷變動的狀態），這意味著我們針對高度動態、不斷變化的市場採取的因應措施。如果企業內部行銷的發展速度比企業所處的高速市場節奏還慢，就會喪失優勢。說來諷刺，我們口口聲聲談行銷，卻跟不上市場的腳步。圖 1.2 便充分說明這點。

盲點 2：行銷與財務脫節

這個盲點十分典型，通常會造成認知落差。行銷人員可能一味關注非財務表現，譬如提高品牌知名度、打造特定的認知、傳達價值主張等等。這些指標對財務專業人士來說可能沒有意義，因為他們難以看到行銷設法達成的實際價值。

財務主管可能想知道，分配的行銷預算會帶來多少報酬、何時才會獲得報酬。這個問題對於行銷人員來說很難回答。假如行銷人員未能考量報酬的概念（大多數財務專業人士必定會關注報酬），問題就會變得更困難。

盲點 3：行銷與銷售關係不融洽

行銷與銷售不同步時，看起來往往就像《湯姆貓與傑利鼠》這部卡通，有時可能相處融洽，有時卻水火不容。

盲點 4：線上與線下行銷整合不足

許多實體（線下）企業也有線上平台。此外，線上企業也逐漸推動線下事業，紛紛開設實體店來鞏固一席之地。然而，部分純粹做網路生意的線上企業仍然維持良好的競爭力。假使如此，那僅做實體生意的線下企業呢？如果線下企業決定永遠都維持線下營運，那也許他們不久就會被淘汰。因此，我們不僅必須重視店內體驗、線上購買（showrooming），還要重視線上研究、店內購買（webrooming）。

盲點 5：忽視人力資本

這個盲點可能在企業招募階段初期就會出現。招募來的員工只乖乖聽命從事有限的工作，缺乏任何進取心，便不會有任何助益。體質強健的企業需要熱情滿滿、熱愛工作的員工，他們應該要創意獨具、勇於創新又有生產力，而有辦法不斷精進。

我們現在已進入「員工思維」時代的尾聲，這個思維指的是，只想在週間朝九晚五、恪盡本分，不願意多加付出。因此，人資團隊無法繼續尋找普通的員工，而是需要才華洋溢、熱情滿滿、具有使命感，又與企業特性、價值、品牌契合的員工。

盲點 6：少了「人味」的行銷

在過去，我們偶爾會聽到少數不負責任的行銷人員濫用行銷手段，只為了企業利益，無視顧客福祉，更不用說更廣泛的社會利益了。在這樣的情況下，企業認為行銷只是獲利的工具，光是想辦法「說服」顧客購買自家產品，卻沒有充分關注員工福祉、環境和其他相關考量。

因此，現今部分企業正設法把社群融入到他們的商業模式中，想要提升人味。他們可能會為了做給大眾看而承擔企業社會責任（CSR），其實只把 CSR 當作遮羞布。假裝落實 CSR 難以永續，行銷實務應該回歸原本崇高的價值。

創業行銷便能克服這些盲點。創業行銷透過職能的整合，更能追蹤總體經濟的發展，執行符合企業大方向的策略；它也幫助各部門保持橫向聯繫，甚至以類似方式進行溝通；它解決人才管理、人力資本相關問題，因為找來的人都是願意在合作環境中工作的夥伴。最後，創業行銷有助於企業傳達自身的社會角色，如何對在地社群、社會和地球做出貢獻。

在接下來的章節中，**我們會仔細檢視專業行銷轉變成創業行銷的時代交替，也會探討不斷變化的行銷環境，以及行銷如何影響競爭、顧客和企業本身。**我們會闡述創業能力和行銷策略**如何落實於現今的商業環境**，以及**在理想的情況下，組織應該要有哪些內部架構才能面對未來。**

在每一章中，我們都會提到全能屋模型，引導我們從更清晰的角度看待創業行銷。讀到最後，**你會更了解自己組織所蘊藏的潛力。更棒的是，你會明白如何解決痛點，準備好在不斷變化的世界中發揮領導才能。**

Chapter 2

IG 成為主導自身產業巨擘的條件

——創業行銷的核心要件

2010 年，Instagram 照片分享平台問世，專門打造照片社群媒體網絡，兩個月後的下載量便衝破 1 百萬次。

從本質上來說，Instagram 是快速發展的平台，透過添加新功能來善用最新趨勢，包括限時動態（story）和短影音（reel）。在擁擠的社群媒體平台市場，Instagram 已占據龍頭地位，目前專注於四大業務：創作者、影片、購物與私訊。2022 年，Instagram 的市值達到 1 億美元，成為 Facebook 績效最佳的投資，投資報酬率超過 100 倍。

從 Instagram 的故事，我們可以有什麼收穫？也許是：良好的起點是指在變化多端的情況下，**不能**僅僅仰賴過度制式的流程來得到理想中的成果。商業環境瞬息萬變，想要表現出色的企業會隨時準備好轉移重心——頻率既高、速度也快。Instagram 按照這個策略，並在執行過程中發展成為主導自身產業的巨擘。

過度簡化的思維往往與行銷領域流行的專業方法互相矛盾。在過去，行銷部門可能會先擬定計畫、概述打算採取的步驟，然後開始行動。這項方法可能在某個時期看似合適，而在網路和科技蓬勃發展、打造出連結緊密又高流動性的空間前尤其如此。

在當今世界，專業的行銷方法面臨著數個重大風險。**第 1 個最主要的風險**也許是，它可能尚未準備好隨著需求變化同步調整，也可能無法跟上靈活多變的市場。一旦形勢發生轉變時，依循老路前進的行銷部門就可能達不到業績目標。

行銷遇到的這種矛盾——即「專業」方法與 Instagram 所體現的創業思維之間的碰撞——正是本章的主題。我們要探討每項行銷方法背後的意涵，這樣一樣就會看到每個方法具備的價值。同時，企業需要知道哪項方法（或結合哪兩項方法）適合自家情況，以及如何善加利用這些方法，推動未來的成長與擴張。

了解專業行銷

我們使用「專業」一詞來描述行銷時，通常指的是注重作業程序和官僚體系的傾向。在分工明確的組織中，我們通常期盼每個團隊成員在特定職能範圍內，發揮特定的功用。在這種情況下，執行跨職能活動可以透過幾類途徑獲得認可[1]。因此，對於行銷等部門來說，工作時抱持「按照作業程序」的思維相當自然，不但可能鮮少交集，還可能根本沒有嘗試同時執行多個任務。

這項方法伴隨明顯的優缺點。我們不妨先逐一檢視專業行銷方法帶來的優點，再來看看主要缺點。

專業行銷的優缺點

綜觀行銷的歷史，就會發現有許多業績亮眼的企業都秉持專業的思維。以下是專業行銷帶來的主要好處：

理解商業模式：專業團隊看到的是，產品或品牌的價值主張，可以分辨企業營收來源、掌握多種成本計算方式、確保現金順利流入。舉例來說，Netflix 便開發出有效的商業模式，在 2021 年就累積了 2.2 億付費訂戶，並在 2022 年帶來 77 億美元的營收[2]。

資源管理能力：專業行銷方法決定了所需的資源和能力，目的是確保可以與顧客進行價值交換。

活動協調能力：專業團隊了解企業不同職能之間的相互關係和相互依賴，並且組織流程，確保活動在執行時協調順暢，也與既定方向同步。

合作管理能力：專業團隊以明確的條款正式確定所有合作形式，一切任務都按照既定協議，避免與其他活動重疊或衝突。

內外溝通能力：專業團隊能兼顧效能與效率，展開內部與外部行銷，也能打造知名度與吸引力，當作進軍市場的起始點。

問題回應能力：專業團隊深入掌握產品，包括特色、優點，消費流程，以及配送方式。行銷人員也知道如何說明產品用途，好讓顧客可以善加運用。

顧客支援能力：專業團隊提供支援服務，包括處理顧客申訴、再次購買、交叉或追加銷售服務、諮詢、管理顧客忠誠度和利益維護，以及維持永續關係。

專業行銷人員除了具備這些能力，只要抱持正確態度，便會伴隨其他優點。以下是其中的一些最佳實踐方式：

避免偏見：所有思考和決策都不受個人偏見的影響，例如政治觀點、性別、社會和文化背景；所有分析都是基於事實，沒有呈現偏見或個人利益。

尊重他人：成功的專業行銷人員懂得根據現有界限，欣賞同事的意見，包括上級、同事和下屬的意見；他們抱持同理心對待顧客，也意識到企業的生存仰賴顧客；他們遵守企業規定，包括既定的企業價值觀。

展現當責：專業團隊始終會對於自己依任務範圍的所有想法、言語和行動負責。他們願意承擔自己所做的決定，以及相關決定對個人和團隊產生的影響。

展現誠信：專業行銷人員懂得妥善地履行個人職責，無論是對內與同事相處、對外與顧客和生意夥伴來往，一律誠實相待。

著重任務：專業行銷人員會展現自律，按照預定時程完成任務。他們在工作時重視生產力，不把私事與公事混為一談。

儘管秉持專業的思維肯定會帶來顯著的優點，但持平來說，也必須提出以下常見的缺點：

改革步調緩慢：即使時代不斷在變化，組織內部仍可能傾向於維持既定的領導者和領導風格。如果不適任的高層主管繼續留任，可能會阻礙企業的整體發展，還可能損害企業文化和員工士氣[3]。

空有宏偉計畫：花費大量時間來制定作業程序和流程，往往會導致落實起來緩如牛步。如此一來，當周圍世界變化迅速時，就難以跟上步伐。

組織停滯不前：專注於程序的組織可能無法發現眼前的機會，恐怕難以在需要時做好準備來調整營運方向。

朝九晚五態度：專業行銷人員可能認為他們應該在既定時間內，處理企業的工作；而要求員工在這個時間之外加班可能並不容易。

難以調整要務：行銷團隊在按照作業程序、維持官僚體系現狀時，通常很難跳出思考和行動的框架。即使找到了機會，他們也可能會猶豫是否要改變優先要務，進而朝不同方向發展；這種猶豫恐怕會讓企業落後於那些懂得調整策略、符合市場需求的競爭對手[4]。

凡事被動反應：時間一久，行銷團隊也許只會在眼前有明顯變化後，才開始追隨其他人的腳步，而不是率先進入全新市場區塊。

創業行銷

現在我們就敞開心胸，思考截然不同的行銷思維，而這說不定與 Instagram 的策略相同。由於「創業」一詞長期以來常讓人聯想到新創企業、顛覆者，以及高度成就（和失敗的可能），因此本節有必要先檢視定義。我們了解定義的範圍之後，才會把「創業」和行銷結合。

數十年來，具備遠見的人都懂得利用大大小小的機會。而在前進的過程中，具有創業精神的人十分清楚未來要面臨的風險，同時又帶著勇氣和樂觀，替自己的計畫試試水溫。

凡是採用創業行銷的人，都知道如何找出落差、敢於做出決策、面對行動的後果，以及多方合作。基於這個解釋，至少有三大能力與創業相關：**看到機會的態度和能力**（機會尋求者）、**勇於冒險的思維**（風險承擔者）、**與人合作的能力**（人脈合作者）。我們分別來仔細探討：

機會尋求者

機會尋求者有適應能力，凡事也懂得往好處想。他們不會沉溺於悲觀的看法，以免分散領導者在尋求機會時的注意力[5]。

風險承擔者

新的行動方案往往充滿變數。風險承擔者懂得評估當前情況、可能選項，以及失敗機率，再依據這些計算出的風險做出決定。

人脈合作者

人脈合作者明白自己無法完全獨立作業。因此，這類創業家打造廣泛的人脈，與其他領域的專家配合，幫助彼此掌握不熟悉的領域。

行銷的創業模型

根據我們對創業的描述，我們可以轉而觀察這要如何應用於行銷。**行銷始於預見機會，再來要經歷創造與創新的過程，想出可以提供給顧客的解決方案**。我們必須將我們的品牌解決方案，明確定位在相關客群。這囊括了如何包裝解決方案，像是展現該方案的差異點，以及提出理由，輔以競爭優勢來說服顧客相信。

行銷人員必須能**把解決方案轉化為不同形式的價值**。對於**企業**來說，這通常代表更高的利潤。**投資人**會尋求該企業更高的市場價值，以及股利的增加；對於**顧客**來說，價值就是我們的產品能解決他們的問題。

顧名思義，勇於冒險的態度是選擇一條沒有人嘗試過的路線，這凸顯行銷人員企圖與眾不同，偏離主流喜好。但需要提醒的是，儘管差異化必不可少，我們仍要確保市場會肯定這個選項。這必須不斷落實在行銷活動中，並得到線下和線上銷售團隊的後援。

銷售團隊需要了解目標市場的特色，以及如何在競爭對手環伺之下定位產品服務（包括品牌）。銷售團隊勢必會想掌握產品差異化和所提供的支援服務，也需要謹慎行事來維護品牌特色。

透過緊密合作，我們更有可能克服難題。舉例來說，零售商塔吉特（Target）和星巴克（Starbucks）聯手提供了完整的購物體驗[6]，塔吉特開始銷售星巴克的產品，星巴克在塔吉特店內開設門市，讓來來去去的顧客都能買到咖啡。因此，塔吉特從星巴克忠實顧客身上獲得更高的品牌辨識度，反之亦然。

從以上討論中，我們可以觀察到行銷領域的創業取決於三大因素，分別是定位、差異化和品牌。三者環環相扣，也會左右決策。圖 2.1 的模型有助我們了解這些特徵，以及其中的交錯關係。

擁有創業能力的人可能有特定的關注焦點，機會尋求者往往會對定位產生共鳴，而這大致上屬於顧客管理的一

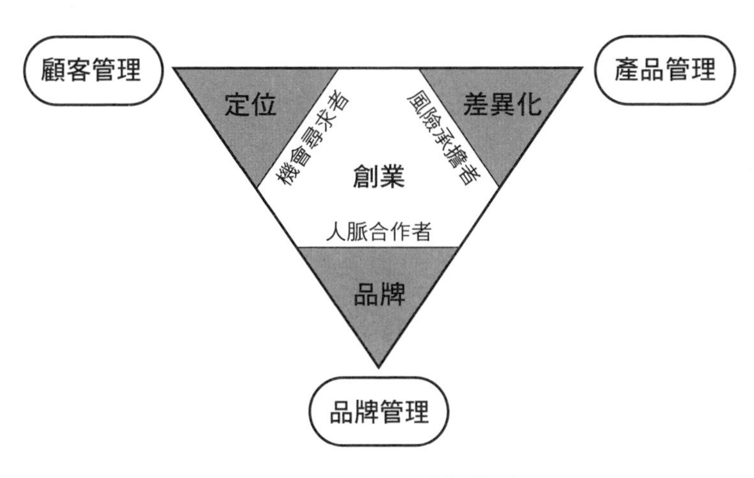

圖 2.1　行銷的創業模型

環；風險承擔者會注重差異化，主要參與產品管理；人脈合作者會專注品牌發展，即品牌管理的一環。

專業行銷與創業行銷比一比

我們探討這兩類行銷的主要特色後，哪個才是最佳選擇呢？其實沒有標準答案。有時應該以創業行銷優先，有時專業行銷才是關鍵。我們先來仔細了解這兩類行銷的適用時機，以及如何交替使用來達成最佳結果。

新創企業在草創時期通常有滿滿的創業精神。然而，他們可能會在某個時間點遇到成長瓶頸。這種情況背後的原因之一，是新創企業很難建立專業能力，而且新創企業發展專業能力的腳步通常很緩慢。舉例來說，Pretty Young Professionals 這家新創企業當初是由麥肯錫顧問企業（McKinsey）一群同事共同創辦，他們有著相同的願景，希望幫助女性創業家找到經營企業所需的資源。這家企業吸引數位潛在投資人，但即使有朋友的友誼相挺，卻仍無法協助他們發揮穩定又專業的功用來經營企業。於是在營運 11 個月後，該企業便因為內部意見分歧而關閉[7]。

我們經常發現，部分企業由於缺乏上述兩項能力，往往都曇花一現。中小型企業經常遇到這種情況，這正是他們經營失敗比例居高不下的一項原因。

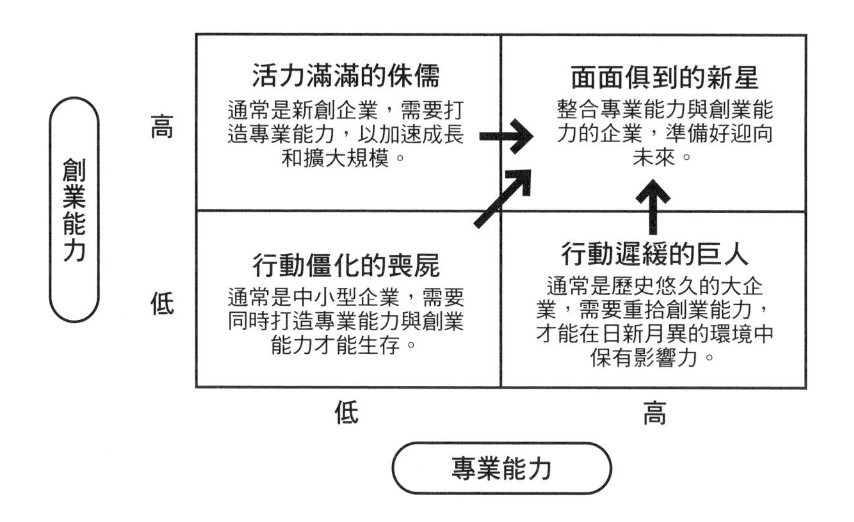

圖 2.2　轉型：專業能力升級、創業能力升級

圖 2.2 有助我們理解，不同規模的企業如何受行銷能力的影響。

我們把創業要件融入專業環境中，便有機會產生巨大潛力，例如 Google 鼓勵員工把工時的 20% 運用於自認對 Google 最有效益的事。這項策略促使員工提出十分成功的構想，包括 Gmail、Google Maps 和 AdSense 等[8]。

在專業環境中應用創業精神，通常稱作企業創業或內部創業（corporate entrepreneurship/intrapreneurship）。這樣的措施既能確保遵循正確流程，同時也保留部分彈性。資誠聯合會計師事務所（PwC）向來給予員工一定的自由度，讓他們專注於培養自我才能。他們發現，工作彈性有助企業保留和吸引有價值的人才[9]。

根據《哈佛商業評論》（*Harvard Business Review*）的說法，現今幾乎每家企業都不計後果，大膽推動重要創新，而非採取逐步改進[10]。如果我們僅依賴專業能力，就會受限於產量和漸進改革，畢竟我們往往僅透過財務成就來衡量成功。這樣保守的態度無法長期支撐企業市場價值的成長，因為一旦缺乏創新突破，企業的未來就會變得黯淡無光。另外，市場價值對於投資人來說也非常重要，因為他們是自掏腰包投資一間企業。

然而，創業精神重要的是，發現外部各式各樣的機會，並且學會如何利用機會。此外，創意和創新通常與創業精神密不可分。在日常職責中，健全的官僚體系對於落實治理十分重要。領導者在應對官僚體系時，勢必會一直遇到難題。根據《哈佛商業評論》一項調查，7 千名受訪者在 2017 年前一年都遇到官僚體系的擴張。然而，領導者應該儘量減少逐級的層層批准，才能為創新騰出空間[11]。

所以，我們需要嘗試把位於光譜兩端的專業和創業結合。一般按部就班、打安全牌的專業人士，必須像創業家一樣有膽量在計算後冒險一試。基本上，專業人士需要在企業內各種創造價值的過程中，運用創業精神。企業內部創業文化使員工能實踐、提升自身創業能力，從而實現更高效率的品牌管理[12]。

因此，企業必須提供有利於創意展現的環境，也應該能仔細檢視可行的創意構想，從中挑選最佳方案，再轉化為創新解決方案，不僅為顧客創造價值，到頭來也為企業創造價值。舉例來說，科蒂斯・卡爾森（Curtis Carlson）首創了「冠軍」（Champion）計畫，鼓勵自家團隊按照需求、方法、相對成本效益和競爭價值主張提出創新思維，這項計畫造就許多亮眼的成績，包括 HDTV 和 Siri 等技術的開發[13]。

在這個高度動態的商業環境中，沒有人可以只依賴專業行銷。我們需要在企業內部保有策略的彈性，而方式之一就是讓董事會和管理階層採取創業行銷。管理階層在維持各種日常流程上發揮重要的功用，確保企業日常運作順利，但如果出現改變，甚至大幅轉型，管理階層必須迅速適應這些變化，進而融入全新的日常流程。這樣一來，長期下來企業才能持續生存。

儘管把專業和創業兩大要件納入行銷活動非常重要，但僅僅在市場上生存是不夠的。想要在日新月異的世界中大放異彩，**企業就得把這些行銷方法整合到其他部門中**。而一旦所有領域環環相扣時，未來的可能就會更加包羅萬象。我們會在第 3 章中探討這個階段。

本章要點

- 專業行銷專注於標準程序和按部就班的方法。
- 專業行銷的**優點**，包括理解商業模式、管理資源、協調活動、管理合作、良好溝通、問題回應和顧客支援的能力。最佳實踐方式包括避免偏見、尊重他人、展現責任與誠信，以及著重當前任務。
- 專業行銷的**缺點**，包括改革步調緩慢、空有宏偉計畫、組織停滯不前、朝九晚五態度、難以調整資源，以及凡事被動反應而非主動出擊。
- 創業行銷涵蓋如何**找出落差**、**做出決策**、**面對後（成）果**以及**多方合作**。
- 企業應該在專業行銷和創業行銷之間拿捏平衡，設法滿足自身需求。

Chapter 3

歐洲電動車的榮景起於競爭合作

——走出專業行銷困境的解方

如果你駕駛法國車廠雷諾電動車 Zoe（Renault Zoe）穿越歐洲交通要道，便能在法國、荷蘭和德國的充電站輕鬆充電。這些國家的充電站數量在歐洲名列前茅，而其他國家的充電站數量雖然較少，但也在設法因應電動車需求成長。整體來說，歐盟（European Union）共有超過 30 萬座充電站，而且計畫在未來數年內大幅增加[1]。

在具備適當充電基礎設施的地方，只要開車到充電站、插上插頭即可輕鬆充電。然而，如果我們深入探討，就會發現光是把電池充電器安裝到適當位置，事前就需要浩大的工程。這點在歐洲更是如此，因為早在充電設施出現之前， 歐洲就開始計畫建造高效能電池充電站。

有意思的是，這些充電站背後的推手並非來自單一業者。這是因為建設超高速、高功率的充電基礎設施需要龐大的資源，單一企業難以負荷這樣的成本。

因此在數年前，世界各地的主要車廠齊聚一堂，決定攜手合作，在歐洲建設充電基礎設施。BMW 集團、戴姆勒集團（Daimler AG）、福特汽車（Ford）和福斯汽車（Volkswagen）、奧迪（Audi）和保時捷（Porsche）共同集結各自的資源[2]。他們擬定了建設充電站的計畫，以支援即將推出的電動車。該計畫目標包括讓電動汽車更受社會大眾關注，進而把電動車發展成主流，到頭來有機會提升參與車廠的電動車銷量。

這個合作體現了企業，特別是行銷人員，未來的一項關鍵特徵。看看這些業者，你可能會想問：「他們不是競爭對手嗎？」答案當然是肯定的！「他們是在合作共創符合各自目的的資源嗎？」答案也是肯定的！

歡迎來到今後的競爭舞臺，時代已然改變，而且仍在不斷演化；**企業為了生存，就需要向競爭對手看齊，而且或多或少都要展開合作。**

當然，這項策略也有其限制。想要充分理解合作與競爭之間的平衡，我們不妨來探索影響這些合作趨勢的動態（參照圖 3.1）。為此，我們會借助前面的全能屋模型，深入研究「動態」的部分。我們會關注 5D，即這個合作

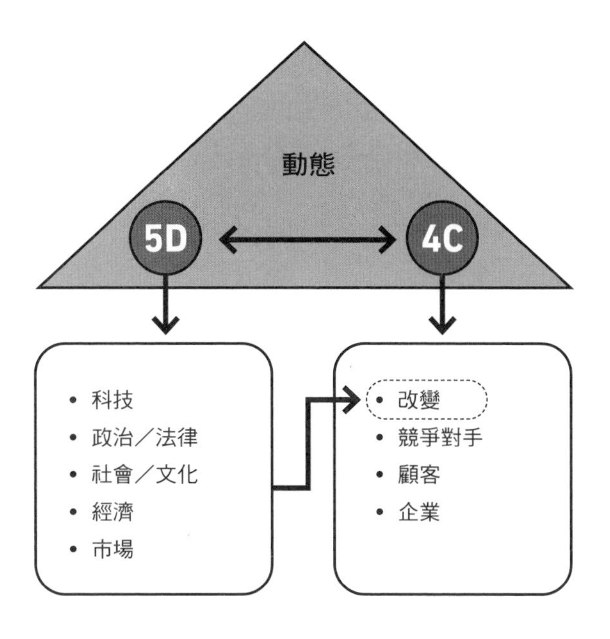

圖 3.1　全能屋模型中的「動態」部分

趨勢的驅動因子。

行銷產業當前的變革

我們來思考影響企業競爭的五大驅動因子，涉及了科技、政治與法律環境、經濟、社會與文化因素以及市場狀況。我們會簡單討論每個驅動因子：

驅動因子 1：科技

電動車的發展是近年來科技帶來的重大變革之一，而汽車產業中還有更多新興技術。以自駕車為例，許多技術的進步都以前所未見的方式，讓各家企業相互合作。組織依賴大量供應商與網絡，才能提供這類精密汽車的零件。汽車科技的部分變化還帶來更注重環保的機會，這對汽車產業十分重要，畢竟該產業長期以來都與環境的負面衝擊脫離不了關係。

當然，科技的影響不僅僅限於汽車產業。人工智慧、大數據、自然語言處理、混合實境、機器人與機器學習等新興趨勢，正在各式各樣的組織中掀起波瀾。物聯網、區塊鏈、3D 列印、影片和音樂串流媒體也在改變企業營運的方式。這些技術也同樣改變消費者的生活與工作方式。

驅動因子 2：政治和法律

世界各地的政治人物已經共同制定明文和非明文的政策。這些政策形同指導方針，為不同社群、組織和個人提供可依循的準則[3]。部分規定針對的是生態問題，例如氣候變遷、森林濫伐、海洋保護和生物多樣性。而政策通常會影響貿易以及企業在特定地區的營運方式。

驅動因子 3：經濟

COVID-19 及相關的封城措施，顯然導致全球經濟成長放緩。展望未來數年，經濟復甦速度仍然充滿未知數。部分國家可能會復甦得比較快。世界銀行總裁大衛・馬爾帕斯（David Malpass）表示，全球各國景氣復甦的速度不一，可能會減緩為了共同目標（例如因應氣候變遷）而展開的合作腳步[4]。

驅動因子 4：社會與文化問題

不斷變化的勞力和人口結構影響企業的營運方式與招聘對象。許多國家正在面臨人口老化的問題。根據聯合國的統計，2017 年全球 60 歲以上銀髮族為 9.62 億，是 1980 年（3.82 億）的兩倍以上。到了 2050 年，老年人口數預計會翻倍，達到近 21 億人。

其他問題還包括社會上蔓延的不平等與貧富不均。在許多國家，富人愈來愈富，而窮人愈來愈窮。醫療和教育的普及程度，取決於個人所處地區和社會地位[5]。

驅動因子 5：市場環境

許多人希望開放的市場和貿易能帶動各個國家的經濟成長。這些趨勢帶來的部分好處為：提供新機會給全球勞工、消費者和企業。更好的經濟表現有助於減輕貧困、促進整體社會的穩定與安全[6]。

市場進入門檻低的特性，造就出能公平競爭的環境，且不再受地理的限制。儘管如此，在地脈絡的考量，也變得愈來愈重要。

改變已在醞釀之中

前文已介紹五大驅動因子，這些力量正在促成改變，我們可以在全能屋模型中看到這點。在圖 3.2 中，你會發現我們所謂的 4C 鑽石模型。而改變到頭來會影響企業的營運、競爭和與顧客的互動方式。

富士軟片（Fujifilm）身為攝影底片產業的巨擘，曾因為無法轉型到數位時代、跟上其他競爭對手的步伐而一度失勢，這可能導致該企業就此倒閉。然而，團隊成員找到靈活應變和轉變營運方向的方法。結果，富士軟片把技術應用轉向醫療保健和化妝品領域[7]。

除了全力適應外，部分業者變得更加積極主動。以 1984 年成立的中國工商銀行（ICBC）為例，ICBC 努力成長、擴大規模，2007 年的總資產超過當時銀行產業龍頭花旗銀行。接下來的數年內，ICBC 穩居世界最大銀行的寶座[8]。

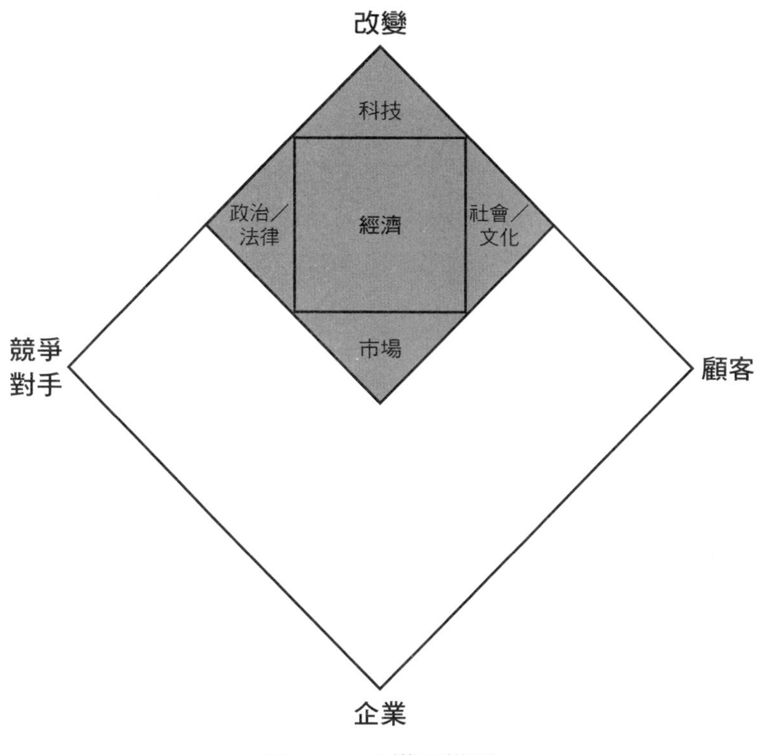

圖 3.2　4C 鑽石模型

富士軟片和ICBC的成功主要可以歸功於成長型思維，超越單純提供獨特產品和服務的目標。美國商業思想家理察·達凡尼（Richard D'Aveni）表示，在激烈的市場競爭中，傳統的競爭優勢無法再發揮作用[9]。

競爭與驅動因子的關係

要**充分了解在這個新興環境中如何合作**，我們會仔細探討模型中的「競爭對手」。我們要思考，為什麼與直接和間接競爭對手進行合作十分重要？我們首先來看看合作發生的過程，再針對當今和未來的競爭，討論企業需要注意的事項，以及長此以往如何在合作和競爭之間求取平衡。

正如我們在前文汽車產業的例子中所見，看起來最不可能聯手的競爭對手其實多少都有合作，還有其他例子佐證我們的觀點，例如三星和蘋果。這兩家巨擘達成一項互利共贏的合作案：三星同意為 iPhone X 提供無邊框的 Super Retina OLED 螢幕，而蘋果則分享供應商相關資訊，讓三星有機會學習精進，進而提升產品品質[10]。

我們來複習一下現今競爭對手之間會進行合作的三大原因：

- **這些企業無法單獨應付重大驅動因子**。藉由團結合作，他們能分享知識、成長得更加強健，還能迅速解決問題。
- **單一企業可能沒有足夠的財力來克服難題**。面對重大問題時，企業可以共同投入資源，分擔相關成本。
- **透過合作，這些企業可以實現雙贏，而不是陷入零和賽局**。如果他們能在產業中建立標準或平台，便有助於強化自己在市場上的地位。

儘管合作具有其優勢，我們仍要謹記這些企業仍在努力實現各自的目標。我們在思考創業行銷時，務必不能忽略當今競爭的因素。以下針對核心能力（competency）、具體本領（capability）、無形資源（intangible resources）、策略（strategy）、執行（execution）和領域（domain）分別簡要說明：

建立獨特核心能力是當務之急：擁有**競爭優勢**已經不足夠，企業務必建立獨特核心能力[11]。這可能包括他們的企業文化或營運系統。

培養具體本領不可或缺：企業需要培養的具體本領從基本面（例如管理能力）到複雜面（例如創新能力、強大領導能力和顧客管理能力）不一而足。持之以恆地鍛鍊並培養這些本領，到頭來也會形塑核心能力[12]。

無形資源愈來愈重要：相較於無形資源，有形資源通常容易模仿，也可以從開放市場取得。無形資源通常更難取得，因為累積過程相對較花時間。因此，**投資於無形資源（包括人力資本和人才）已經成為建立競爭力的必要之舉。**

強大策略必須與政策同步：企業應該按照相關的大環境條件、競爭情況以及相關競爭對手、顧客來研擬策略，接下來的步驟就是訂定政策。組織內部的政策最好要有一致的目標，應該要能彌補彼此的不足，並且當作整體策略的後盾。

執行應該注重效率：企業應該有效率地執行所有業務，同時妥善地利用資產。就提高生產力來說，我們不能妥協。管理階層可以使用數項財務比率來衡量生產力水準；另外還有反映績效的非財務指標，例如顧客忠誠度、產品品質進步和員工生產力[13]。

明確界定競爭領域：企業必須確保無論參與哪個競爭領域，都必須與企業業務相容，而且具備所需的競爭優勢。競爭領域也可以按照商業環境變化進行調整，而隨著商務的拓展，有時也會重新定義競爭領域。

競爭的未來

大環境的變化愈來愈快，競爭也會愈來愈困難，因為未來的變數也愈來愈多。現在的競爭與未來的競爭，都會取決於下列不同議題，企業理應留意這些趨勢：

競爭更數位化

競爭會以數位科技和資料為主。數位科技會提供強大的本領，讓企業獲取與商業環境相關的資訊，既快速、準確又與時俱進，有關競爭對手和顧客的資訊尤其如此。資料則會提供寶貴的洞見，用於預測與指導，以便做出精確的策略和戰術調整。

競爭對手更強大

共享經濟正逐漸成為商業的主流。在開放的市場中，組織精簡又渴望成功的新創企業會趁勢崛起，他們看起來會與傳統老牌企業大相徑庭。這類新創企業會擁有堅實的數位能力、提供高品質、低成本、交貨速度更快、支援服務更好的各種產品。這般數位能力還會讓他們能跨領域打入新市場和產業[14]。

公平的競爭環境

社群媒體讓每個人都有獲得關注的機會，也提供業配產品的全新消費方式，包括後製較少的原始視覺效果，讓人感受更貼近真實。有鑑於這個趨勢，許多不符合傳統模特兒臉蛋、身體和形象的網紅紛紛嶄露頭角，成為新一代的模特兒[15]。

而機會愈為均等，企業鞏固強大競爭優勢的難度就愈大。這個現象也符合近年來的新政策，其中多半重視公平競爭的遊戲規則。

差異化愈來愈困難

各家企業想保持顯著的差異化愈來愈困難。**企業決策者應該仰賴顧客為本的方法，在建構價值主張時強調個人化和客製化**。如果缺乏創意和創新的本領，企業的產品和服務便會迅速成為普通商品，進而引發價格戰。

節奏更快

日新月異的趨勢會縮短各種產品、甚至企業價值主張的生命周期，上市時間和市場進入策略是確立企業競爭優勢的關鍵。如果市場先行者未能訂下市場接受、迅速成為主流的新標準，就不可能從中受惠。**想在競爭激烈的環境中生存下來，保持彈性是重要的關鍵。**

相互依存度更高

價值鏈中幾乎所有要件會更加緊密整合，相互依存度會更高。在某種程度上，就連整體生態系中的其他因素，例如支付平台、電子商務、市集、全通路等等，彼此也息息相關。因此，想要確保有效又高速的創造價值過程，各個要件之間的同步極其重要。

以航空產業為例。航空公司要仰賴機場經理，機場經理也得仰賴航空公司。此外，該產業還存在其他相互依存的要件，例如地勤、餐飲和燃油供應商，這些都需要強大的同步協調能力。技術方面的規定和技術人員的數量，阻礙了數個亞洲國家廉價航空企業市場的成長[16]。

競爭與合作的平衡

競爭與合作本身有數項優缺點（參照表 3.1）。儘管如此，企業的難題就是要充分發揮優點，同時想方設法減輕衝擊，或斬除缺點根源。

合作同時也讓企業有提升彈性的機會，以因應商業環境中所發生的快速變化。這類彈性是項重要的能力，可以

表 3.1 競爭與合作的優缺點

	優點	缺點
競爭	• 迫使企業提升業務能力[17] • 提供更多價值或服務[18] • 提供顧客更多選項[19] • 可以接觸新顧客[20] • 借鑑競爭對手的錯誤[21]	• 降低市占率[22] • 縮減顧客群[23] • 競爭成本高[24]
合作	• 整合彼此資源[25] • 節省成本、避免重複[26] • 共享資源以創造競爭優勢[27] • 加速實現規模經濟[28] • 可望減少彼此企業成本[29]	• 增加衝突機率[30] • 搭便車行為、理性受限[31] • 需要長期付出心力[32] • 失去自主權[33] • 未來銷售問題[34]

因應充滿變數的情況，而這需要修改商業模式，甚至採用全新的商業模式。舉例來說，在 2020 年 COVID-19 疫情期間，京東是中國唯一一家穩定配送產品的電商品牌，超越了阿里巴巴。京東身為電商龍頭之一，與賣家合作來預測和寄送補給品，以確保產品持續供應。憑藉這種彈性，京東更與酒類品牌和音樂團體合作[35]，成為最早提供線上夜晚派對體驗的品牌之一。

在相同的資源下，企業可以更快達成更高的銷售水準，更輕易地實現更棒的規模經濟效益。如果企業能開發出多項產品，運用相同資源（以及核心能力）進行交叉銷售或追加銷售，也會實現更棒的範疇經濟（編按：與規模經濟不同，規模經濟是用數量來降低成本；範疇經濟則是自己生產上下游或縱向的零件，來降低總成本。）效益。

舉例來說，積層製造（additive manufacturing）技術的問世和發展，可以幫助企業實現更好的規模經濟和範疇經濟效益。積層製造就是普遍熟知的 3D 列印，這是運用資料輸入來創造物品的過程，最初誕生是因為有家企業需要生產昂貴的小型製造零件。該技術幫助該企業管理小規模生產，可以精確地列印所需數量的零件。因此，積層製造技術有助於企業實現規模經濟，主因是企業可以控制原型的成本[36]。

具有數位能力的成功企業一大特色就是合作。數位轉型打破官僚體系和職務分工的界線[37]。合作還可以縮短從構想階段到商品化的過程，並在過程中按照多變的顧客需求，因應要讓產品快速上市的相關商業難題。另一個知名商業合作故事是韓國純素時尚品牌 Marhen J.，它在東南亞擁有大量死忠支持者。Marhen J. 剛進軍泰國市場時，在三星門市內設置了櫃位，展示如何把時尚和科技體驗融入民眾的日常生活中。這波宣傳活動是兩個韓國品牌互相支持，設法走入民眾的日常生活[38]。

正如一句非洲諺語所說：「一個人走得快，一群人走得遠。」由此可見，「一個人走」意謂著我們選擇競爭，「一群人走」意謂著我們選擇合作。單打獨鬥可以在我們的管理生態系內迅速決定事務，但我們需要合作才能長期存續下去。企業所面臨的挑戰是如何結合兩個對立的概念。不是單求快速或永續，而是既快速又永續。這說明為何在競爭的同時，合作也變得愈來愈重要。

為了實現共同目標，競爭組織之間的合作（或稱作「競合」〔coopetition〕），已成為全球競爭力和創新力的一項先決條件[39]。理想的競合策略是獲得每個合作關係的優勢，進而變得更有競爭力。根據這項方法，參與各方可以整合、加乘愈來愈必要的優勢，因應充滿挑戰的商業環境，遭逢危機時更應如此[40]。

挑戰愈嚴峻、合作愈穩固

如前所述，假如企業的資源、具體本領和核心能力（即優勢來源）確實有限，企業獨自因應挑戰的難度愈來愈大，自然會促使不同企業展開合作。**我們探討在不同的挑戰與優勢來源這兩個面向後，發現狀況可以分成三大類：**

第 1 類狀況：挑戰 < 優勢來源

過度投資讓企業能擁有強大的優勢來源，但如果不能充分利用這些優勢，就可能面臨生產力問題。因此，我們需要創業精神來尋找全新的商業挑戰或機會，以利用企業的所有資源、本領、甚至是核心能力。企業應該跳脫思維框架來打造業界人脈，進而找到願意利用現有機會的合作夥伴。實質上，企業必須關注各項外部條件，才能善用這些過剩的優勢，以找到不同的機會。

第 2 類狀況：挑戰 = 優勢來源

在這類狀況中，企業需要以創業的方式，思考適度分配優勢來源所涉及的各項機會和風險。由於企業本身的存續尚未受到影響，因此會更關注與優勢相關的內部問題。企業應該動用所有資源來面對現有的挑戰。

總部位於荷蘭的瑞典龍頭企業宜家家居（IKEA）就很

謹慎行事。在擴大市場版圖時，IKEA 看重的是一些基本面。首先，IKEA 設法了解不同地點的文化偏好，確保能滿足這些偏好。再來，IKEA 非常在意價格競爭策略，希望自家提供的各式各樣產品在當地市場屬於平價。第三，IKEA 始終致力於以最高效率推動企業的營運，同時利用當地資源[41]。有鑑於此，IKEA 得以在每個地點發揮優勢來因應挑戰，絕對不低估情勢。

第 3 類狀況：挑戰 > 優勢來源

這類狀況指的是優勢變得有限，企業缺乏足夠的時間鞏固優勢，但挑戰卻迅速出現。**第 3 類狀況可能會威脅到企業本身的存續**，因此需要創業精神和創意來與商業生態系各方建立網絡，其中也包括競爭對手。在這類狀況中，合作是克服優勢來源不足和面對這些艱鉅挑戰的必要手段。

第 3 類狀況與第 1 類狀況正好相反，我們需要建立一個網絡來找到契合的夥伴，以彌補彼此優勢的不足。企業必須把注意力擺在外部面向，探索相關的優勢來源（參照圖 3.3）。

從這 3 類狀況中，不難看出在企業的存續受到威脅時，合作顯得極其重要。合作符合共享經濟原則，在現今這個連結度和相互依存度皆高的時代已十分普遍。企業之間可

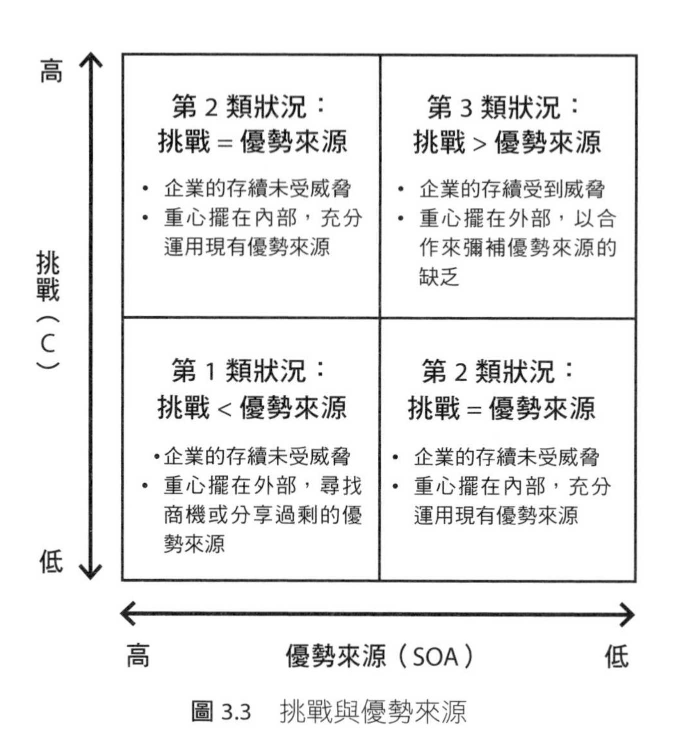

圖 3.3　挑戰與優勢來源

以採取不同的合作方式，像是加入平台生態系，甚至成為平台供應商，再邀請其他企業參與。

企業還可以與傳統價值鏈中較為靜態和線性的要件進行合作。這可能出現在企業和供應商、通路之間。透過這樣的合作，企業便可以大幅提升產品管理能力、接觸到更廣泛的顧客群，進而落實更優異的顧客管理制度。而正因為無縫接軌的工作關係，整合的系統以及價值鏈中資訊開放流通，企業可以更有效率地適應產品和市場的變化。

本章要點

- 想要理解合作與保持競爭之間的平衡，行銷人員可以探討五大驅動因子（5D）：科技、政治和法律環境、經濟、社會文化以及市場狀況。
- 組織之間會合作來因應五大驅動因子、彙整資源、強化各自市場地位。
- 各家企業在競爭時，需要建立獨特的核心能力、發展本領、投資於無形資源、讓策略與政策同步、關注生產力，以及界定競爭領域。
- 未來的競爭會更加數位化、面對更多強大的競爭對手、具備公平的競爭環境、難以差異化、節奏更快、相互依存度更高。
- 各家企業在合作和競爭的過程中，都會想方設法來放大優勢、縮減劣勢。

Chapter 4

看 Airbnb 用科技拉近與顧客關係

——鞏固市場與強化優勢

2012 年，快要付不出房租的兩名室友忽然靈光乍現。當時他們住在舊金山，想到可以在房間鋪上床墊、提供早餐，再向房客收取住宿費用。

時間快轉到 2020 年，兩人從當初的靈感打造出大型住宿事業，並在 2020 年進行最大規模的首次公開募股（IPO）。該企業在該年市值破 1 千億美元，超越萬豪（Marriott）、希爾頓（Hilton）和洲際酒店（Intercontinental）三家上市的飯店連鎖品牌[1]。

這就是 Airbnb 的故事，他們把共享住宿和短期租屋的理念推向嶄新高度。Airbnb 不但在餐旅業開創全新的商業模式，讓屋主可以透過網站和手機應用程式把自家租給房客，還理解如何解決顧客在旅途中的難題。

在 Airbnb 上，房客可以在安全又容易使用的網頁環境中找到所需的內容。一切始於刺激靈感的旅行體驗，房客可以選擇獨特的住宿空間，從簡單樸素到異國風情的風格任君挑選，無論是樹屋、洞穴、船屋、公寓、別墅和帳篷，Airbnb 上應有盡有[2]。

此外，Airbnb 還提供「Airbnb Plus」服務，提供由備受好評的房東所管理的優質住宿[3]。旅人甚至可以租下一個城市、村莊或國家[4]。

Airbnb 鼓勵所有房東為房客打造獨特的體驗，因而推出「歸屬感」（You belong here）計畫，評估房東的歸屬感高低，只要帶來相應的歸屬感，就會獲得獎勵；但假如他們未能提供符合房客期望的體驗（以評論為主），Airbnb 的演算法就會讓房東的房源難以搜尋得到[5]。

為了展現支持，3 位共同創辦人經常造訪、住在世界各地主要房東的家，這對於打造忠誠度有舉足輕重的影響。Airbnb 還舉辦各種團體活動來提供指引，房東可以分享知識、加入內建住宿標準和指南的應用程式，以及參加獨立聚會來交流資訊[6]。

在疫情期間，Airbnb 推出「彈性搜尋」服務，該服務讓使用者可以選擇彈性的日期，更輕鬆尋找週末度假地點、一星期或一個月的長假，而不需設定具體日期。彈性搜尋讓使用者重拾旅行心情，不必擔心日後的旅行限制或取消費用[7]。

Airbnb 的案例說明現今科技的進步與消費者的期望兩相結合，讓我們能為顧客帶來全新的引導系統。在本章中，我們會繼續討論全能屋模型的「動態」部分，並且著重於 4C 鑽石模型中「顧客」這項要件（參照圖 4.1）。顧客、改變和競爭對手共同決定了商業環境，也是企業必須思考的不同商業風險來源。

正如我們所見，現今的顧客擁有極大的議價能力。因此，各家企業通常採取「顧客為本」的方法。然而，顧客也日益因為大量的資訊而疲於應付，包括假訊息、謠言和其他意圖誤導的資訊。周遭的資訊量太過龐大，顧客可能會摸不著頭緒。各家企業需要為顧客提供穩固的引導系統，方便他們找到自己所需的解決方案。

資訊和通訊科技的進步帶來數位民主化，全世界連結得愈來愈緊密。一方面，這帶給每個人全新的力量。另一方面，這也讓每個人淹沒在過量的資訊中，太多內容需要消化，又難以保證準確無誤。

這些客觀條件為企業拓展許多引導顧客的機會，讓顧客更了解自己的需求，從而大幅提升體驗品質、享有解決方案。 在後真相時代，全球假新聞氾濫，因此清楚、透明又真誠地引導顧客更是不可或缺的條件。

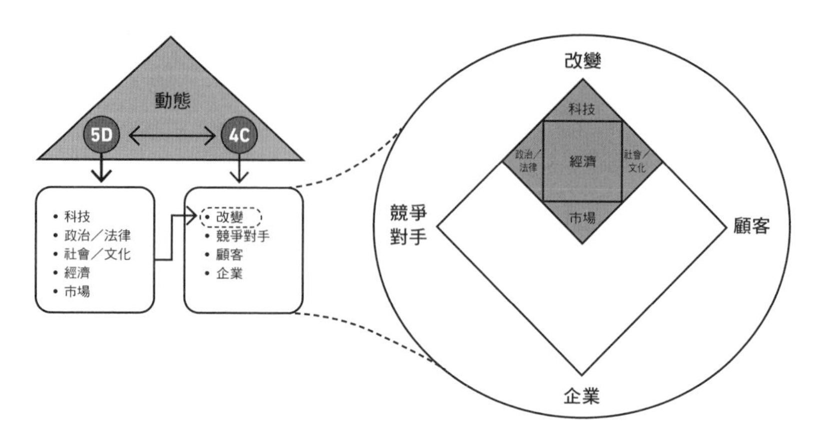

圖 4.1　「動態」與鑽石模型中的顧客要件

顧客彼此緊密連結

隨著現今世界愈來愈數位化，顧客早晚會獲得全球各地企業的服務，彼此的連結也更加緊密。這就導致以下現象：

顧客的消息更加靈通：每個人幾乎都能無限獲得大量資料與內容，無論是大小決定，都會先做好功課[8]。一般來說，超過 80%的消費者會在網路上做好功課再購買，藉此確認他們的選擇，例如確保產品的原創性、查看使用者體驗。消費者希望了解產品或服務的詳細資訊[9]。

更加老練的顧客：顧客消息愈來愈靈通，可能會導致自身期望與企業滿足期望的能力之間出現落差。這些老練的消費者期望更高，使得企業愈來愈難以滿足他們[10]。超過 90%的消費者希望買到的產品符合他們預先的期望[11]。

議價地位的轉變：這些老練的顧客對於產品和服務有深刻的理解，自主性變得更高，不僅懂得比價，還知道如何確定哪些產品服務的價值最大。此外，顧客甚至可以要求客製化，讓他們能充分利用每塊錢的花費。

自從 2010 年代初期以來，顧客的地位愈來愈強大，因而使企業面臨了好幾項難題。我們在此探討一下：

更難滿足顧客：針對某些產品類別，顧客更看重產品功能而非品牌。有時，顧客則會選擇自己最有共鳴的品牌。但顧客一旦被品牌忽視，往往會立即換別家[12]。

更難擁有忠誠顧客：消費者的思維不斷變動、理解速度快又隨著最新風向迅速變化，到頭來世界各地都出現消費者缺乏品牌忠誠度的現象。因此，全球僅有約 8%的消費者忠於自己購買的品牌[13]。行銷人員投入大量心力和金錢討好顧客，但有時顧客卻毫不在意，因為大多數人都是憑直覺做出購買決策。因此，企業需要發展「累積優勢」[14]。

更難獲得正面宣傳。在網路未盛行的時代，我們通常透過顧客留存率和回購率來衡量顧客忠誠度。現今，我們要把在網路世界中支持品牌的意願當作忠誠度的一環。然而，幫忙宣傳品牌這件事，帶給顧客的風險大於僅僅回購產品或服務，因為向人推薦品牌的顧客面臨的是「社群風險」；假如別人按照推薦購買後覺得失望，那推薦人可能就會受到責難。這項風險導致顧客在表達個人支持前會更加謹慎[15]。

邁向 2030 年的顧客管理

面對這類新型顧客，企業的顧客管理制度就得進行徹底的改革，以求在競爭中生存下來，同時保持競爭力。為此，未來更多的企業會成為網路企業，跨足各式各樣的通路和裝置。他們會在技術堆疊（tech stack）中使用大量工具，必須即時看到顧客的最新資料。顧客資料會成為寶貴的資產，因此企業別無選擇，只能進行數位轉型，進而建構顧客資料平台（CDP）。在下一階段，CDP 會決定企業提供最佳顧客體驗的能力[16]。我們來看看這對於數位化行銷和未來商業模式有何啟示。

對數位化行銷能力的需求

數位行銷可以帶來許多好處，包括品牌權益更大、銷售額上升、顧客服務品質改善、媒體支出更有效率，以及研究支出成本大幅節省[17]。這些支出都是輔助行銷的基礎本領，但要確保面對瞬息萬變的市場時仍保有彈性，企業必須把最新即時資料深植到自家 DNA 中。所謂運用大數據，意思是我們會從眾多來源獲取資料，而且速度快得超乎想像。

數位科技會促成不同的自動化流程。在不久的將來，勢必會被自動化的工作包括顧客服務、資料輸入、校對、快遞服務、市場研究分析與製造[18]。2030 年所需的人才專業會包括問題敏感度、演繹推理、資訊排序、思考流暢度、口語理解、書面表達和說話清晰度[19]。

企業需要的人才是能透過不同數位平台與顧客進行溝通、理解數位科技術並且加以使用。員工必須迅速又靈活地行動、具有創業思維，按照具體資料進行決策[20]。

資料導向的行銷對於不同規模的企業都適用。舉例來說，運用數位行銷的小型醫療服務在近年來的成長速度更快。運用付費媒體廣告來鎖定當地民眾，是這類成長的一大動力[21]。

2030 年前，行銷文化會愈來愈注重創意和科技。所有事幾乎都會是無縫接軌的體驗，協助民眾的日常生活[22]。正因為大數據、人工智慧和分析工具帶來客製化和個人化，一對一的市場區隔將更加主流。品牌會不得不展現高度適應力，而企業會不得不重新定位自己，因應極為動態的市場[23]。人工智慧在品牌策略中的作用十分重要，行銷人員假如無法應用人工智慧，提升顧客歷程不同階段的參與度，勢必只能退出競爭[24]。

重新檢視商業模式

僅僅專注於行銷的數位化無法保證企業生存下來。企業需要重新檢視商業模式，再打造數位化商業模式。《你的數位商業模式是什麼？》（*What's Your Digital Business Model*；台灣未出版本書）一書討論到，從商業設計角度來看，存在著光譜的兩端，分別是價值鏈和生態系。我們可以把最終顧客的知識分為兩類，即部分知識或完全知識[25]。

一般來說，一家企業的商業設計愈走向生態系——既是模組化生產者又是生態系驅動者——則愈容易獲得較高的營收與淨利。此外，如果企業對顧客的理解完整又廣泛，就更能達到更高的業績。生態系讓企業能拓展其商業網絡和投資組合，以及銷售更多新產品和服務。到了 2025 年，生態系總營收可能上升約 30%[26]。

由此可見，在這個社群高度互動的時代，光是規模「大」已經不夠，贏得競爭的關鍵是要更快、更靈活和更具彈性，不斷調整價值鏈已無法打造高度競爭力[27]。

《紐約時報》身為全球媒體企業，專注於打造、蒐集和傳播優質的新聞和資訊，率先在 2011 年採取線上訂閱商業模式，而且以免費試用（freemium）的商業模式來吸引訂閱者使用新聞產品，同時提供許多廣告機會。近年來，免費試用模式普及開來，《紐約時報》收購遊戲業者 Wordle 來擴大遊戲事業，準備吸引更加數位化也更年輕的顧客，藉此拓展企業的觸及範圍。除了遊戲之外，《紐約時報》還有 podcast 與經營多年的國際新聞部門。到了 2022 年 2 月，紐約時報的付費訂閱數已成功達到 1 千萬[28]。

在高度動態的生態系中，我們可以看到創造價值活動的界線不斷擴張、整合度愈來愈高，同時加強商業夥伴之間的相互依存度。數位平台或生態系中不同要件的相互依存度，並不像傳統價值鏈屬於線性發展[29]。因此，我們必須拓展價值鏈分析，以涵蓋足以影響上述要件的不同趨勢和因素[30]。

引導顧客

市場上大量的產品資訊讓顧客無所適從，導致他們的決策不夠準確。企業必須積極充當顧客值得信賴的領航者，可以按照以下行動方案：

提供一個平台：企業可以為顧客建立實體和數位平台，方便他們回報問題、尋找解決方案、學習如何取得解決方案。企業要確保顧客能立即理解平台的優點，也確保平台一切功能都是完整、重要又容易操作，對於 Y 世代和 Z 世代更是如此。

舉例來說，儲匯服務的手機應用程式有助於消除顧客的一切痛點。常有人說：「民眾不需要實體銀行，但需要銀行儲匯服務。」舉例來說，富比士（Forbes）網站上一篇手機應用程式的評論指出，手機介面上的完整儲匯服務便足以滿足顧客的需求，例如對帳單明細、歷史支出紀錄和簽帳卡鎖定安全機制等，無需面對面與即時驗證[31]。

納入合作夥伴：企業必須把重要合作夥伴納入平台，以支援滿足顧客需求時，能派上用場的資源、活動、本領、甚至是核心能力。這些合作夥伴必須無縫地參與，還有為顧客提供毋需煩惱的消費體驗。他們必須確保平台架構靈活、兼容於合作夥伴，同時又具備嚴格的管理控制。

聚焦解決方案：透過這個平台，企業必須為顧客提供完整的解決方案，讓顧客歷程每個階段的痛點得以消除。企業必須理解如何使用平台，透過客製化和個人化來解決顧客的核心問題，也應該提供機會與顧客共創和合作。

提供支援服務：這項支援服務目的是讓顧客安心，而且必須隨時隨地可以使用。企業需要隨時準備接聽顧客來電，確保所有支援服務都可以加強與顧客的互動。

傳達企業價值：確認企業的價值主張是否重視體驗、甚至轉型；確保企業的價值觀，特別是攸關廣泛社群利益的價值觀，深植於商業模式中，並且清楚地傳達給顧客，令他們理解和欣賞；吸引顧客參與社群，彼此互動幫忙、分享想法、提供看法、建立人脈、甚至好好享樂。

選擇題：保守或進步

「市場驅動型」（market-driven）和「驅動市場型」（market-driving）這兩個詞彙存在好一段時間。根據伯納德・賈沃斯基（Bernard Jaworski）、阿賈伊・科利（Ajay Kohli）和阿爾文德・沙海（Arvind Sahay）的說明，「市場驅動型」的商業導向是要理解特定市場結構中的業者行為，再對此加以反應。相較之下，「驅動市場型」的意涵是影響市場結構和／或市場業者行為，目標是強化企業的競爭地位[32]。

這兩類商業導向都非必要，而且高度仰賴企業中的不同因素，包括與資源（有形和無形）、本領和核心能力相關的因素。更強健的市場導向，會讓企業有潛力達到更好的績效。我們也知道，商業挑戰往往太過艱巨，個別企業無法單打獨鬥，因此企業參與數位商業生態系，會為該企業帶來長期存續的絕佳機會（參照圖 4.2）。

透過結合市場導向與企業模型，我們可以進一步說明和預測，企業愈朝左下方移動（圖 4.2），就愈趨向於市場驅動型。然而，企業愈往右上方移動，則愈具有驅動市

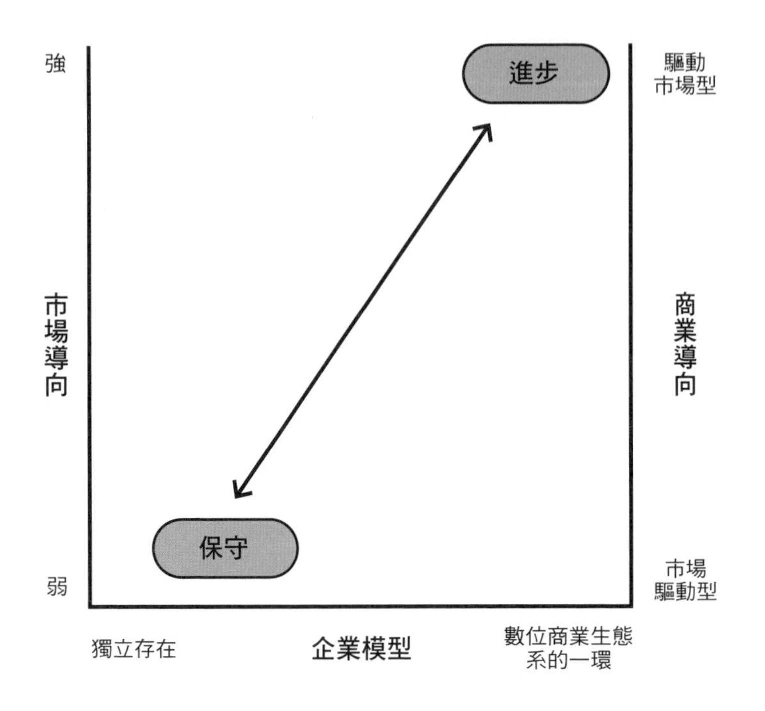

圖 4.2　「保守－進步」企業結構連續光譜

場的本領。**這項主導市場的本領會更為強大，而假如企業可以驅動整個生態系，而不僅僅是參與其中，那威力會更加驚人**[33]。

左下的區域都是保守企業，而右上的區域則是進步企業，而介於兩者之間則是我們所謂「保守－進步」的企業結構連續光譜，大部分的企業都落在這個區域（或甚至落在外頭），可能是刻意選擇的定位，或單純碰巧落入其中。

進步企業的市場導向強、屬於數位商業生態系的一環（可能有能力掌控生態系），而且具有驅動市場型的商業導向。舉例來說，每個生態系都看得到 TikTok，因為它讓短影音內容爆紅，導致其他平台紛紛跟進。不到 4 年，TikTok 下載量就達到 30 億次[34]。如今，TikTok 將影片長度調整為最多 3 分鐘，以支援部分影片類別，像是料理類的影片[35]。

相較之下，保守企業的市場導向弱、往往單打獨鬥、自外於數位商業生態系，具有市場驅動型的商業導向。

同時具有保守與進步特色的企業固然可以生存，但長期下來，進步企業更有可能建立強大的競爭力。保守企業十分適合靜態的商業環境。相反地，假如身處極為動態的商業環境，特別是從目前一直到 2030 年的商業環境，進步企業才是理想的選擇。進步企業仰賴適應動態的本領，才能成為驅動市場型的企業。

保守企業在偏靜態的商業環境中可以生存。他們多少可以在動態的商業環境中繼續生存，但很難鞏固強大的市場地位。相較之下，進步企業可以始終跟上時刻變動的商業環境，甚至可以協助形塑商業環境。

保守企業擁有的獨立模型仰賴傳統價值鏈，進步企業則仰賴數位商業生態系內高度協調、相互依存的合作夥伴網絡，讓他們能加強與顧客議價的能力。舉例來說，Grab 這家共乘企業採用雲端廚房商業模式，讓許多品牌得以使用同一個中央廚房進行烹調。這些做法通常是為了線上食品訂單而設計，讓 Grab 外送員取餐速度可以比前往餐廳取餐更快。這個商業模式始於 2018 年，讓 Grab 能在疫情期間持續營運[36]。

保守企業仍然傾向採用傳統行銷方法，進步企業則普遍使用數位行銷方法，徹頭徹尾又積極地引導自家顧客。舉例來說，DBS Digibank 應用程式推出一站式數位平台 LiveBetter，採用環保零售金融解決方案，滿足居家修繕、汽車貸款、投資等等需求，從而轉型為更環保的生活。這項措施讓 DBS 成為全球數一數二賺錢的銀行。2021 年，DBS 的收益再度高於預期，共計連續十年達此成就。DBS 自從轉型成數位儲匯系統來服務顧客後，已成為新加坡首屈一指的數位銀行[37]。

上述這兩類企業都可以引導顧客。然而，保守企業只能在有限範圍內，透過各種平台引導顧客處理技術面的事物，像是資訊取得方式、購買管道、付款選項、產品使用說明等等。相較之下，進步企業更會從根本面引導顧客，例如制定全新遊戲規則、讓許多既有業者失去競爭優勢，並且改變顧客和競爭對手的思維和行為。

進步企業可能會帶來翻天覆地的衝擊，進步企業還可以大幅影響大環境。舉例來說，他們可能迫使有關當局修改法規、推動社會／文化變革，甚至影響市場結構。

有鑑於上述的說明，我們可以開始理解為何保守企業往往具有暫時的競爭優勢，但進步企業卻可以建立永續的競爭優勢。這些原因也顯示，企業愈進步，愈能展現高競爭力（參照表 4.1）。

表 4.1 保守企業與進步企業的特色整理

	企業類型	
	保守企業	**進步企業**
商業環境	適合靜態商業環境	適合動態商業環境
策略本領	市場驅動型	驅動市場型、動態本領
企業模型／平台	獨立存在、具傳統序列價值鏈	數位商業生態系中高度協調、互相依存的一群夥伴
議價能力	顧客有較強大的議價地位	企業有較強大的議價地位
組織	一板一眼、慣性強	適應力強、彈性高
行銷方式	傳統行銷	數位行銷
引導程度	內容簡單、視野狹隘、被動回應	重視基礎、大局著眼、主動協助
重心	顧客為本	解決方案為本
市場	小眾、區隔化、目標市場、著重規模經濟	廣泛、打破常規、一對一、專注於規模經濟與範疇經濟

表 4.1 保守企業與進步企業的特色整理（續）

	企業類型	
	保守企業	**進步企業**
科技與感受	低科技、低感受	高科技、高感受
品牌與定位	空有品牌名稱、無精確定位	品牌活力滿滿：隨處可見、密切相關又無縫接軌
差異化	使用產品與服務後在功能和情感上的優點	高度互動後的顧客體驗或轉變
賣點	單純產品特色和優點	每個接觸點都有客製化或個人化的顧客體驗／轉變
產品與服務	標準化產品，變化有限	全面客製化、共創和合作
價格	固定價格	動態定價
忠誠度	刻意設計：透過高成本的忠誠計畫形成品牌認定機制，因為顧客容易轉換品牌	先備條件：品牌認定機制是「自然形成」，因為企業在顧客生活中不可或缺，所以顧客不願輕易轉換品牌
關鍵績效指標	金融與非金融、主觀與客觀	全面的金融與非金融（主觀與客觀）與數位影響力
競爭優勢	暫時競爭優勢	永續競爭優勢

其中需要注意幾點。**首先**，與保守企業不同的是，進步企業不僅僅指的是顧客角度，還全面看待 4C 鑽石模型的各個面向，其中顧客只是單一要件。企業不能只提供顧

客眼中具吸引力的產品和服務來確保存續，還必須全面留意商業環境的動態，像是大環境與競爭對手的情況。

其次，全新的進步方法（特別是企業如何與顧客和社群打交道）需要從教育面著手來啟發民眾，才能立即獲得接受、融入民眾日常生活。教育市場來促使民眾行為轉變，是進步企業必須仔細思考的重要問題。

第三，進步企業的商業模式會與保守企業的商業模式不同，保守企業大幅仰賴的是運用有形資產的本領，形成核心能力；進步企業則利用難以模仿的企業無形資產來建立競爭力，這些資產在市場上無法購得或十分罕見，因而具有極高價值。另外，企業可以從商業生態系中不同合作夥伴獲得其他資產，最終形成一項生態系優勢。

第四，2030 年這個時間點策略上的意義，同時也是邁向 2045 年的里程碑。根據雷・庫茲威爾（Ray Kurzweil）的預測，電腦、遺傳學、奈米技術、機器人和人工智慧等科技會大幅成長，符合加速報酬的法則。所謂的奇異點，便是人類的智能與機器的智能終將結合[38]。

因此，每家企業必須從現在開始決定自己的未來。如果企業想要在未來時代中生存，就不能少了通往 2030 年的動能。有鑑於此，企業必須盤算自己在「保守－進步」這個連續光譜中的立足點。

本章要點

- **顧客是現今與未來商業環境的核心**，也是 4C（顧客、改變、企業、競爭對手）鑽石模型的一環。
- 顧客彼此的關係更加緊密，讓他們消息更加靈通與老練，進而擁有更大的議價能力。滿足顧客、留存顧客、讓他們幫企業正向宣傳，無疑是件難事。
- 未來，企業將需要適應數位行銷能力、重新檢視自家商業模式。
- 想要引領顧客，企業可以提供平台、拉攏合作夥伴、關注解決方案、提供支援服務並傳遞價值觀。
- 企業需要評估自身保守和進步的狀態，並思考他們想要如何營運，以做好未來的準備。

Chapter 5

像Spotify開創新局又保持領先

——公司內部需要統合思維！

你想在手機、筆電、平板或其他裝置上聽音樂或Podcast嗎？

想要多合一的解決方案，不妨選擇Spotify。Spotify是由丹尼爾·艾克（Daniel Ek）和馬汀·羅倫佐（Martin Lorentzon）於2006年於瑞典創立，讓音樂變得無遠弗屆。消費者可以選擇免費使用或付費訂閱[1]。目前，Spotify坐擁近3.5億名使用者，其中約有1.55億名是Premium使用者[2]。

這家企業如何把音樂這個數千年來許多人的基本需求，與現今網路世界的標準相結合？音樂產業的確已有了長足的發展，從現場音樂演變到唱片、從留聲機演變到錄音帶和CD，接著又出現了iPod。這些創新都有目的，但Spotify

充分利用科技，讓任何人隨時隨地都能聆聽任何歌曲。

我們來深入了解這家積極擴張全球版圖的企業。顯然，Spotify 滿足音樂愛好者的需求，這反映在過去數年來規模大幅成長。從 2018 年到 2021 年，Spotify 的員工數量從 3 千 6 百名左右增加到超過 6 千 5 百名[3]。

為了跟上成長的腳步，Spotify 從全球不同地區招募了不同文化背景的員工[4]。這絕非易事，因為根據 Spotify 人資長卡崔娜．伯格（Katrina Berg）表示，目前最大的難題就是在保持創新、彈性和獨特文化的同時，持續吸引合適的人才（有時會引進數百名員工）[5]。

為了克服這個障礙並保持龍頭地位，Spotify 成立了「小隊」（squads），即由 6 到 12 人組成而且自主運作的跨職能團隊。這些小隊依然要向 Spotify 負責、努力保持人才的創新與彈性，同時堅守企業的核心目標[6]。

這些小隊負責研發新產品，包括未來要建構哪些產品、以及主導的員工[7]。數個小隊共同組成一個「部落」（tribe），每個部落也是自主經營[8]。部落領導者的職責之一是為所有小隊提供適當的工作環境[9]。同時，擁有相同能力的部落成員會分到同一個「分會」（chapter），而分會成員也可以加入「行會」（Guild），與其他具備共同興趣的夥伴交流。

為了讓這個獨特形式在組織內部順利運作，Spotify 仰賴科技來進行虛擬全員大會，Spotify 全球任何團隊成員都可以與會[10]。科技還讓 Spotify 員工得以從任何地方遠距工作[11]。企業內部清楚的指引也有助 Spotify 追蹤員工發展，以維持強大的成長型思維[12、13]。

這樣的組織結構用意是避免壁壘（silo）現象，讓 Spotify 能在落實制度和激發創意之間取得微妙的平衡。這個結構也是為了持續吸引員工、維持員工滿意度、方便上級管理以及刺激員工參與創新和成長。

想要效仿 Spotify 的企業，要設法調和不同的思維、職能和資源。我們在本章中會討論哪些策略能實現這些目標，而討論架構則借助全能屋模型（參照圖 5.1）。

我們先探討如何彙整「創業」區塊的不同要件，再

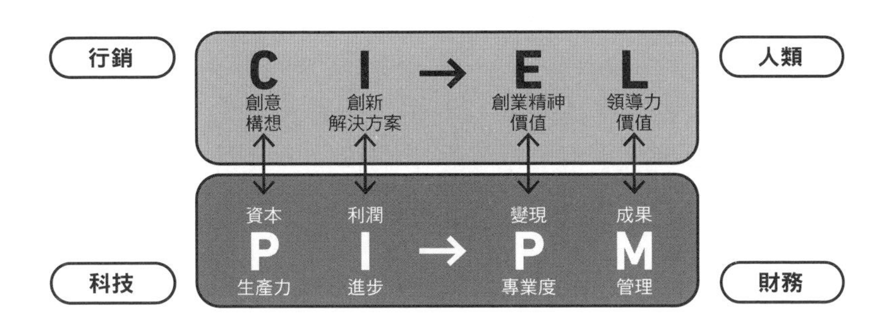

圖 5.1　全能屋模型中的二元要件

把「專業」區塊的要件連結起來。我們會鑽研創意和創新之間、創業精神和領導力之間的關係（CI-EL）；我們也會一窺生產力和進步之間、專業度和管理之間的交互影響（PI-PM）。在第 6 章中，我們會深入探討行銷與財務、科技與人類之間的整合。

創意和創新思維

創新和創意不只是藝術不可或缺的要件，更是所有學科和教育活動的基礎。創新攸關具有價值的新奇事物（構想、方法或產品）；創新是眾多構想的成果，也是產生、實踐或採取新行動的成果。創新有賴好好努力，以確保我們最終能實現好的構想，而創意是需要納入創新的主動過程，產生創意的過程正是創新的核心[14]。

創意和創新是互補的兩個獨立概念[15]，空有創意不必然會造就創新[16]。

創意需要有解決問題的構想、洞見或方案，而創新是落實這些構想以求進步[17]。簡單來說，創意是決定創新的根基或來源，而創新是創意的具體樣貌或應用。

充滿遠見、思考靈活的人往往便具備創意思維，而有能力為顧客的問題提供解決方案的人則具備創新思維。綜合來看，這些本領足以讓一家企業比競爭對手更具優勢。

創業精神和領導思維

一般來說，具有創業思維的人能分辨也能理解各式各樣的問題，進而看見這些問題的契機、仔細評估後冒險嘗試、展開多方合作，以找到解決問題的方法，這些步驟最終可以為顧客和企業創造價值；領導力的體現則是個人按照他人的智力、情感力和精神力來施加影響。

我們可以在世界各地看到許多成功企業家的例子，他們示範了大刀闊斧的領導力，不僅解決自家企業的問題，更有助解決世界上最迫切的問題。他們關注的不是別人過去解決問題的方法，而是背後的普世之道，藉此提出創意滿滿的解決方案。

無論是比爾・蓋茲或泰德・透納（Ted Turner）等老一輩創業家，或賴利・佩吉（Larry Page）、謝爾蓋・布林（Sergey Brin）或亞當・安吉洛（Adam D'Angelo）等年輕創業家，都挑戰人類的思想和行動邊界。他們的創業精神和領導力有巨大的潛力，足以影響自家組織和全世界。

生產力與進步思維

簡單來說，生產力通常是指輸入和輸出的比較。我們可以運用較少的輸入、更大的輸出來提升生產力水準。這項方法在製造過程中特別明顯，我們可以測量特定單位的輸入可生產多少單位的輸出。

再複雜一點，我們還可以在其他管理領域使用生產力。我們也許可以衡量銷售量（輸出）與整個企業員工數（輸入）的相對結果。一般來說，以愈少的員工數達到愈高的銷售量，就代表企業的生產力愈高。而生產力通常與企業的獲利能力成正比。

我們還經常同時使用效率和效能來衡量生產力。如果效率或效能（甚至兩者同時）下降，生產力也會隨之下降。簡單來說，效能的重點是做正確的事，效率的重點是以正確的方式做事。因此，如果我們想以正確的方式好好地做事，就要先正確地實現最佳生產力。效能和效率是兩個不同的概念，但凡是提到生產力，我們就不能把兩者分開討論。

所以，為了提升效率，我們努力要用相同輸入來產生更多輸出。而為了提升效能，我們則專注於資源，優先考量符合企業目標又會產生最佳結果的資源。

為了實現最佳生產力，企業必須既有效率又有效能。具有生產力思維的人可以肩負不同的效能任務，包括高效率地運用企業資源、執行不同的創造價值過程。相較之下，具備進步思維的人專注於取得比昨天更好的成果，明天更會設法帶來更優越的表現。

專業度與管理思維

專業度通常攸關特定標準（包括書面和非書面）[18]，這可以指與知識和能力相關的特質，以及誠實、正直和相互尊重等等。專業度往往需要長時間的過程來成形[19]。

當責也是專業度的一環，體現於承諾的履行，包括條理分明、縝密計畫，以及避免拖延。一旦承諾未能履行時，員工的表現可能會變差。根據商管領域研究與教育的世界級機構——倫敦政經學院（LSE）管理系的一項研究，違背承諾會耗盡員工的心力，並在無意間傷害他人[20]。

專業度對於個人在企業內的職涯極其重要。但不僅如此，共同的專業度還會在商業生態系中形成強大的聲譽和信任。專業度也會提升企業的整體績效。因此，專注於專業度實屬必需，然而專業度也必須反映價值觀或企業文化[21]。

澳洲的一項研究也凸顯專業度對組織的重要性，文中強調個人對專業度的追求會影響組織的聲譽。不僅如此，專業度更影響組織的策略優勢[22]。

專業度是組織中的關鍵要件，因為專業度能清楚界定在特定社群中普遍能接受（與不能接受）的事物。在這樣專業度的思維所奠定的基礎上，組織內部得以調和一致，成為跨職能和部門都通用的準則，有助於避免各種互動所產生的無謂衝突與爭端，在同一組織內成員之間如此，兩個以上不同組織的成員之間亦然。

在商業組織中，專業度難以與管理切割開來。如果負責管理的人不具備專業度，就無法按預期來進行管理。根據針對澳洲七家醫院 2580 人進行的調查，有違專業的行為對患者照護、疏失頻率或服務品質具有中等或顯著的負面影響。相較於醫療人員，護理師、非臨床工作人員、管理人員和行政人員更可能回報這類影響[23]。

一般來說，管理涵蓋的事物通常始於具體目標和行動計畫。因此，在管理過程中，計畫是非常重要的步驟。策略（和戰術）會反映如何實現企業的目標，策略的實質影響層面則包括應有的資源、所需的本領，以及企業要獲得競爭優勢所應該專注的核心能力。

組織是指一群人共同努力實現預定目標。企業發現，有效的專案管理對於實現更棒的成果極其重要。根據貝恩策略顧問公司（Bain & Company）指出，到了 2027 年，大部分的工作都會以專案為主。因此，對專案經理的需求正在迅速上升，超越對其他合格專業人才的需求。對於專案經理需求的增加，反映企業愈來愈意識到良好的專案管理對於獲利的影響甚巨[24]。

管理還攸關了推動預定計畫或策略來實現企業的目標的能力。實施或執行面之所以常常遇到困難，是因為變動的環境可能會產生意想不到的新局限，需要調整原已擬定完善的計畫和策略。這就是所謂「說易行難」的道理。

經濟學家智庫（Economist Intelligence Unit）贊助了一份研究報告，主題為「優良策略為何失敗：高階主管的教訓」。該報告研究高階主管在策略執行中的參與度，共計全球有 587 名高級主管接受調查。在受訪者中，61% 承認自家企業經常難以弭平策略制定和日常執行之間的落差。此外，受訪者宣稱在過去三年中，只有 56% 的策略型方案在企業中成功落實[25]。

在實施過程中，溝通方向與協調有著關鍵的作用，確保組織內所有資源和本領的運用既符合效率又有效能。舉例來說，企業內部的管理需要各職能之間有良好的協調，包括財務、行銷、人資、營運、資訊科技等等。這樣的協調必不可少，以確保企業即使要應付不可預測的商業環境變動，價值創造的過程依然會持續下去，不至於受到嚴重干擾。

管理的最後要件是要致力維持標準。相關人員都清楚了解、同意相關標準。如果沒有準確又適當的衡量，絕對不可能進行客觀的評鑑。

明尼亞波利斯州的食品生產經銷商卡吉爾公司（Cargill Inc.）在全球共有 15.5 萬名員工，以往曾難以鼓舞員工士氣。2012 年，卡吉爾公司推出「日常績效管理」方法，目的是把日常鼓勵和控制納入工作對話中，結果掀起一股熱潮。卡吉爾宣稱，在管理階層開始提供具建設性又前瞻型的評鑑、而不是回溯型評鑑後，就注意到明顯的進步[26]。

因此，如果一個人總是有辦法培養最要緊的本領、保持強大的紀律、堅守適當的倫理標準，就可以稱得上擁有專業思維。而如果一個人在企業內計畫、籌組、實施和管控過程中，都能恰當又謹慎地行動，則可以稱得上具備良好的管理思維。

如前所見，這些要件的整合，無論是在創業區塊還是專業區塊中，都可以造就一流的績效。建立連結、重視每個思維的貢獻，就可以減少衝突的風險，還可以提升合作，讓有利於企業的創新構想得以產生，打造出推動企業進步的綜效。

本章要點

- 創意思維能生成想法；創新精神把可能轉化為實質方案來解決問題。
- 創業精神讓企業能利用創新的商業價值；領導力則是引領並影響策略、方向和士氣。
- 重視生產力的個人會努力提升效能和效率；著眼於進步的團隊成員則會想方設法來實現更優異的成果。
- 專業的個人有助於堅守倫理的界線；管理者則監督流程和準則的實施。
- 營造員工不同思維之間的和諧可以培養企業競爭優勢，其中包括提升價值。

Chapter 6

長年蟬聯《財星》五百大企業名單的祕密

——加強公司內部的合流

企業的組織架構應該要利於執行其必要活動。我們經常會在企業內部遇到不同職能的單位，即不同的處室或部門。每個單位可以獨立執行各自的活動，也可以與其他單位相互合作。

有時，部門本身並不希望進行公開交流，這可能就會妨礙部門之間的資訊傳播[1]。沒有溝通和資訊交流，就會難以彼此協調來實現組織的目標[2]。

如前所述，壁壘心態只會產生反效果，因為這可能源於企業各部門高層人員之間的惡性競爭。這也可能發生於多個層級的員工之間，即為了個人利益而別有心機[3]。壁壘的一大特色就是：組織中每個人都不願分享對於企業中其他處室或部門來說極具價值、甚至是必要的資訊[4]。

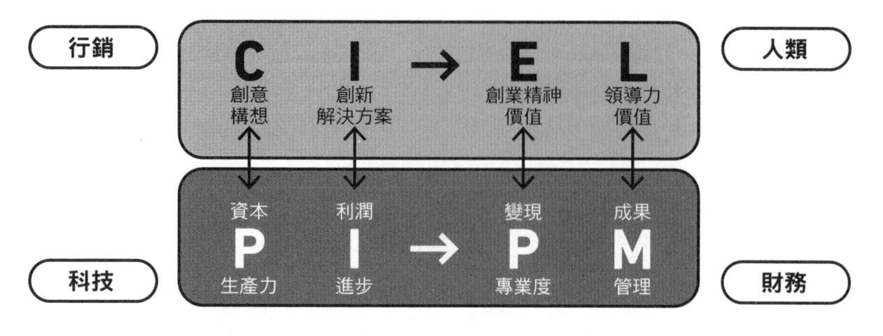

圖 6.1　全能屋模型中的二元要件

在全能屋模型中，我們可以觀察到四大明確的職能：行銷、科技、人類和財務。（別擔心，我們之後也會討論營運。）注意，行銷和財務分別坐落於對角，科技和人類也是如此。這是為了強調在企業中，這些職能通常是涇渭分明。 CI-EL 和 PI-PM 要件之間也存在相互矛盾的特色。我們可以在全能屋模型中，找到這些二元對立的要件（參照圖 6.1）。

在本章中，我們會檢視克服壁壘現象的方法，首先要探討的是如何連結行銷和財務。我們還會思考其他資源的合流，尤其會著重於科技和人類的相關資源。

連結行銷和財務

正如在第 1 章中提到，行銷最常見的盲點之一就是財

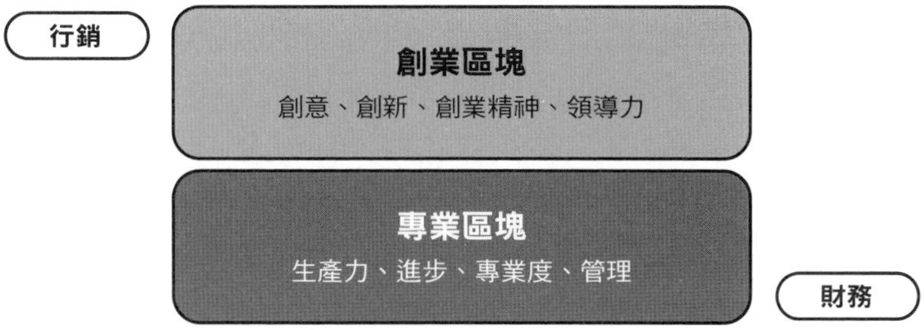

行銷

創業區塊

創意、創新、創業精神、領導力

專業區塊

生產力、進步、專業度、管理

財務

圖 6.2　全能屋模型中行銷與財務的二元對立

務和行銷這兩大職能互斥，這可說是極為明顯的二元對立（參照圖 6.2）。行銷人員往往只看到非財務指標。財務主管通常會問行銷人員所希望運用預算來實現的目標，而行銷人員給出的答案可能是提升品牌知名度、打造特定觀感、傳達價值主張等等。

這類答案有時會讓財務部門的同事皺眉，因為他們可能不理解行銷團隊希望實現目標的價值，何況行銷人員所使用的詞彙並非一般的財務用語。接著，財務部門有時會進一步提問：行銷人員所分配到的預算會帶來什麼報酬？

許多財務領域的主要指標都與報酬有關，例如銷售報酬、資產報酬和投資報酬。相較之下，行銷人員通常運用的是，非財務指標，例如忠誠度、滿意度、知名度和市占率。

部分行銷人員也可能不在意企業的財務報表。通常，唯一與財務指標相關的面向是銷售額，而這只是所得報表最上面的一條項目。我們大可以不計一切代價來實現（甚至超越）銷售目標，但這只會讓獲利呈現負數。獲利是大多數股東最在意的事，因為這會決定股東拿到的分紅。

然而，有時財務人員過度強調節省成本，而沒有看到支出會累積出非財務成果，而且它在一定條件下可以轉化為財務成果，因此不應該被單純視為支出，而應該視為投資。

財務專業人員必須了解各個部門的運作方式，以對脈絡有更充分的理解，並能在其他部門擬定預算支出相關決策時從旁協助[5]。正如前文所述，跨部門合作會強化企業一體化的思維，進而向顧客提供最佳的產品和服務，並對企業營收產生正面影響[6]。

結合科技和人類

在這個數位時代，機器的定義不僅僅限於負責機械相關工作的機器。由於機器人科技的進步，具備 AI 技術的機器可以用更高的精準度和一致性執行人類的工作。透過物聯網（IoT）和區塊鏈，這些機器更能彼此連接。

在理想的情況下，這些智慧型機器應該支援組織，服務企業的內部顧客（即在組織中工作的員工）、外部顧客（包括購買和使用不同企業支援服務的顧客）、甚至服務社會。

具備數位科技的智慧型機器可以提供以下服務：

民眾：我們設計和使用機器是為了提高效率，更重要的是讓員工的工作更輕鬆、更符合人體工學，同時避免受傷、提高生產力。科技會讓員工更人性化地履行職責，讓人隨時保持連線、隨處都能工作，並且遠距存取各類資料和資訊。

顧客：科技讓企業能提供個人化、客製化與符合人性或同理心的引導。如果企業內部員工更有人情味、獲得科技輔助，整體而言，就可以提供顧客更人性化的服務。剝削顧客的時代早已結束；有了相關科技，現在是時候提供解決方案來改善顧客的生活品質，這樣才是真正把顧客當成有血有肉的人。

廣大社會：即使大眾不一定會購買企業行銷的產品，也不代表企業就能忽視廣大社群的利益，譬如賓士汽車（Mercedes-Benz）就在所有工廠運用可再生電力技術，確保自家企業為環保盡一份心。回收技術則讓企業能大大減少浪費。同理可證，在各種產品中使用生物可分解材料也反映出企業對環境的關心。

最新的科技突破往往會納入野生動物保護計畫，從監控瀕危物種、到檢測盜獵人士應有盡有。無人機、資料與數位製圖可以用於追蹤瀕危野生動植物。非洲的盜獵活動猖獗，導致加蘭巴國家公園（Garamba National Park）的

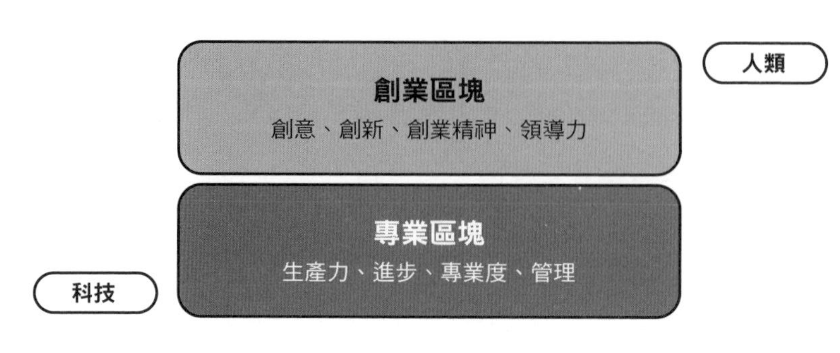

圖 6.3　全能屋模型中科技與人類的二元對立

象群銳減。加蘭巴的象群曾達到 2.2 萬頭，但到 2017 年，這個數量已減少到僅 1 千 2 百頭。後來三年內，加蘭巴成功讓大象盜獵案件減少了 97%。為此，加蘭巴運用智慧定位技術，讓專業監測團隊能運用 GIS 和 IoT 來全天候追蹤、監控每隻大象[7]。

我們可以運用極精密的數位智慧型機器，來履行對利害關係人的義務。在理想的情況下，科技與人力理應替大眾、顧客與整體社會帶來貼近人性的成果[8]。同時運用科技與人力，進而消弭科技與人類的對立，會是未來數年內所有企業的優先要務。（參照圖 6.3）

整合的重要

打破壁壘分明的現狀可能很不容易。我們先思考企業內部整合經常需要克服的兩大障礙，再來探討為何整合是關鍵，以及過程中如何衡量成功。

障礙 1：組織僵化

僵化的反面就是企業適應各種內外壓力所需要的彈性。這個彈性讓企業能將多樣資源妥善分配到不同的部門，像是把員工調派到不同部門負責其他任務。如果員工不願意或無法整合 CI-EL 和 PI-PM 的不同思維，就會發現自己難以在未來成為適應力強、生產力高的人[9]。

企業必須在充滿變動的環境中放棄僵化制度，包括中止不再有用的策略、過於死板和反應遲鈍的結構，以及不再適合當前情況的企業文化和心態。說穿了，在這個變化迅速的時代中， 企業會因為僵化而讓日常業務出現大問題[10]。彈性才是正解，而實現彈性的方式之一就是整合不同二元思維、管理職能和資源。

障礙 2：組織惰性

通常，已達到成熟階段的組織只要長時間維持營運方向，未來就能存續下去。由於強大的惰性使然，組織往往無法立即改變方向。如果一家老牌企業原本使用許多傳統價值創造流程，卻突然轉而採用更為進步的方法，必定會面臨困難。

以「深水地平線」（Deepwater Horizon）鑽油平台爆炸事件為例。這場災難導致 11 人死亡、126 人受傷，還造成長達 3 個月的原油外洩。根據美國聯邦政府的調查，這場災難肇因於「風險管理不善、計畫更動臨時、無法察覺並因應關鍵漏油跡象、缺乏良好的管控應變、以及緊急救災橋樑應變訓練不足」[11]。簡單來說，無法適應外部挑戰和多變情況恐怕會導致組織走向災難。

新創企業和許多科技業龍頭則有不同的軌跡。這些企業成立之初，就已採用進步的方針，適應高度變動的商業環境。當然，他們暫時不需要重新調整營運方向。然而，如果出現另一波重大變革，這些企業會不得不重新檢視並調整方法。有時，部分新創企業一開始就遇到問題而無法成長，更不用說發展了（參照圖 6.4）。

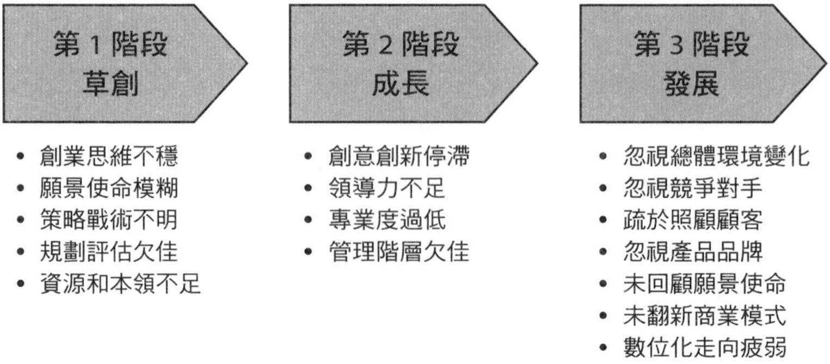

第 1 階段 草創	第 2 階段 成長	第 3 階段 發展
• 創業思維不穩 • 願景使命模糊 • 策略戰術不明 • 規劃評估欠佳 • 資源和本領不足	• 創意創新停滯 • 領導力不足 • 專業度過低 • 管理階層欠佳	• 忽視總體環境變化 • 忽視競爭對手 • 疏於照顧顧客 • 忽視產品品牌 • 未回顧願景使命 • 未翻新商業模式 • 數位化走向疲弱

圖 6.4 新創階段和潛在問題整理

老牌大企業確實可以避免惰性。你聽到杜邦（DuPont）這家化學製造商時，可能會想到一家深具前瞻思維的企業。但鮮少有人知道，1802 年，懂得製造火藥的法國人杜邦（E. I. DuPont）在德拉瓦州創立了杜邦（DuPont）。杜邦於 1804 年在白蘭地河（Brandywine Creek）開設第 1 家火藥廠，運用柳樹皮製作木炭來生產黑火藥。從此之後，杜邦的產品包括染料、毛衣纖維和好萊塢電影膠捲等等。

杜邦和道氏化學（Dow）於 2015 年合併，並於 2018 年重新推出了品牌，搭配全新標誌，強調創新與各式各樣的解決方案[12]。2018 年，杜邦砸下約 9 億美元進行研發，宣稱過去五年推出的產品服務帶動 2018 年業績成長超過 5%[13]。

整合的原因

整合有很多好處，但最明顯的三大優勢如下：保有價值、生存力強和永續經營。三者都強調團結一致的重要性。

優勢 1：保有價值

藉由把二元思維聚斂，讓企業在特定的競爭環境中保有價值。這意謂著企業雖有資格參與競爭，但無法保證最後就能出線。我們稱之為必要條件（參與競爭），但不是充分條件（贏得競爭）。想要保有價值，企業就需要相關人才。因此，企業必須確保人才至少與企業的價值觀、文化和所需能力等方面具有很高的契合度。

如果我們比較 1955 年和 2017 年《財星》五百大企業名單（Fortune 500），會發現只有 60 家企業仍榜上有名，約占 12%。1955 年名單上許多企業早已少人知曉、遭到遺忘（例如布料業者 Cone Mills、橡膠業者 Armstrong Rubber、油品業者 Pacific Vegetable Oil、木材業者 Hines Lumber 和紡織業者 Riegel Textile 等等）。1955 年的企業名單中，88% 的命運不是破產、與另一家企業合併（或被收購），就是仍在營運但已掉出前五百大（按照總營收排名）[14]。

優勢 2：生存力強

持續維持超越競爭對手的高凝聚力，有助於企業鞏固更強大的市場地位。企業的組織生態系必須與組織參與的商業生態系相容，以確保企業的生存力。組織必須具備靈活變動的本領，這正是培養敏捷度的基礎，也是因應不斷快速變化的商業生態系一大關鍵。

每個月都有許多新成立的小企業加入競爭，但失敗率相當高。截至 2019 年，新創企業的失敗率超過 90%。而在所有新創企業中，21.5% 在成立第 1 年就失敗，約 30% 在第 2 年失敗，第 3 年的失敗率甚至高達 50%，到了第 10

年的失敗率則是 70% [15]。

優勢 3：永續經營

企業持續確保不同二元要件得以調和的同時，也必須隨著商業生態系中的各方推動轉型，而這得考量總體環境中主要驅動因子造成的商業環境變動。如果所有要件完全結合，讓溝通和協調過程迅速完成，可能只需要微調就能轉變結構。這樣的轉型本領可以確保企業面對總體環境和個體環境中不同的變動因子時，依然能永續經營下去。根據勤業眾信聯合會計師事務所（Deloitte）的資料，落實數位轉型有助企業財務報酬、多元人力和環保目標的達成速度提升 22% [16]。

實現永續經營的 3 個階段

在了解企業中各種二元對立與聚斂方法後，我們可以簡化成一個模型（參照圖 6.5）。

以下是這個模型的詳細說明：

第 0 階段：潛力／失敗企業

無論是新創企業或老牌企業，都具備不同的潛力；如果面臨無法克服的障礙，例如過於僵化或惰性太強，就會在競爭中輸給其他對手。

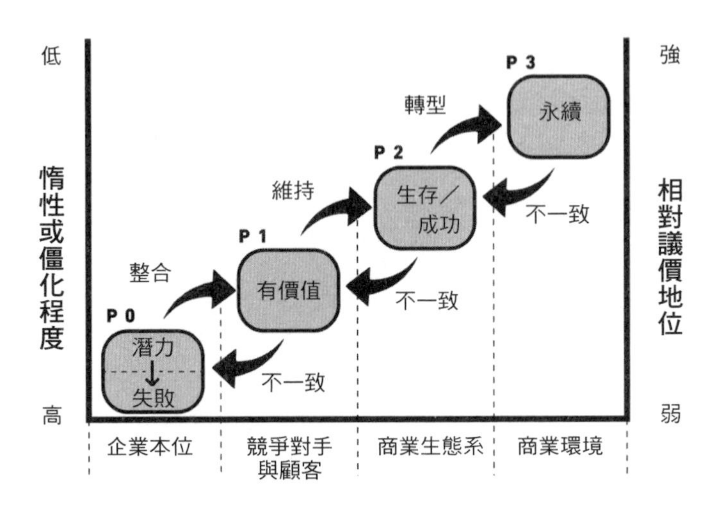

圖 6.5　企業邁向永續的階段

第 1 階段：有價值企業

如果潛力企業的僵化和惰性不是太強，該企業在內部聚斂二元要件的機率就更大。

管理階層還可以參照由競爭對手和顧客組成的競爭環境，藉此拓展原本的視角。因此，儘管企業不見得可以生存，卻能在競爭中成為最有價值的要角。然而，如果企業在聚斂的過程前後不一，可能會再次降級成潛力企業，甚至可能馬上成為失敗企業。

第 2 階段：生存／成功企業

如果潛力企業的僵化和惰性再低一些，就更有可能維持各種二元要件的聚斂。

管理階層還可以參考商業生態系，其中包括以傳統或數位方式連結的不同合作夥伴，同時關注重要競爭對手和顧客，藉此擁有更廣泛的視角。

這樣一來，企業便可以向更高水準發展，成為生存下來的企業。在特定情況下，如果業績遠遠超越競爭對手，該企業更可以成為一家成功企業。同時，該企業在商業生態系許多要件中，也具有相對較強的議價地位。

然而，如果該企業無法將二元條件調和為一致，則可能會降級為有價值企業。

第 3 階段：永續企業

如果生存／成功企業幾乎沒有僵化和慣性，便可能會在維持以往各種二元合流的同時，推動永續的轉型。

管理階層還可以參考整個商業環境，包括總體環境中的主要驅動因子、商業生態系、有價值的競爭對手和顧客，藉此擁有整體的視角。因此，這樣的企業可以成為最高水準的永續企業，也是每家企業的最終目標。對於商業環境中各種要件和因素，該企業也會擁有強大的相對議價能力。

然而，假使企業在推動永久轉型的同時，未能持續一致地維持不同的要件調和，則可能會降級為生存企業，但在特定條件下仍能贏得競爭。

由於商業環境經常發生變動，組織應該隨時準備好進行改革；光是過去三年，組織平均經歷五次重大的全面改革，超過 75% 的組織可望在未來三年增加重大改革的措施。

每家企業都必須了解自己在這些階段的當前地位。組織可以研究內部的動態要件，特別是與組織僵化和惰性相關的要件。企業也可以思考外部因素，尤其是總體環境中的主要驅動因子。這樣一來，企業便能確定生存和永續的方式。

本章要點

- 打造行銷部門和財務部門之間的緊密關係，可以帶來重大的財務優勢。
- 在科技和人類之間取得平衡，員工獲得自動化支援，便能專注於高階任務，進而造就更強大的人力。
- 組織的僵化和惰性是企業走向整合的主要障礙。
- 企業上下團結一心，是保有價值、生存力和永續經營的關鍵。
- 壁壘現象無法一夕之間打破；企業可以分階段邁向永續經營，以確保長期存在於市場上。

Chapter 7

效法環保自行車 Bamboocycles 的巨大成功

——創意與生產力的完美結合

2008 年，迪亞哥．卡德納斯．蘭德羅斯（Diego A. Cardenas Landeros）在墨西哥市成立品牌「Bamboocycles」。Bamboocycle 是環保自行車產品，設計和製造過程中使用 85% 的竹子原料。竹子具有韌性、形狀像甘蔗，屬於根莖類熱帶植物。

卡德納斯是畢業於墨西哥國立自治大學（Universidad Nacional Autonoma de Mexico）的工程師。2007 年底，他展開這個竹製自行車計畫，起初只是當成學校報告的一部分。

卡德納斯提出一個極先進的解決方案。竹子能吸收振動，不會有金屬材料常見的疲勞現象。碳纖維是超輕的材料，但假如遭受劇烈碰撞仍可能會裂開。然而，竹子卻不容易斷裂。

在永續方面，竹子比其他樹木多產生 30% 的氧氣。竹子生長時，三年內就能採收。其他類型的木材需要更長時間成熟。卡德納斯發現，墨西哥東南部適合生產竹子。

卡德納斯研發的第一款竹自行車於 2010 年亮相，引起廣泛的關注。不久，他籌組一個週末工作坊，教人如何用竹子來製作自行車。然後，他規劃一個全程 3 小時的墨西哥市「竹馬之旅」。

卡德納斯藉由自身的努力，目的是喚起民眾對永續交通的關注，破除開車相關的刻板印象。根據墨西哥國家統計地理資訊局（Mexican National Institute of Statistics and Geography）的報告，2020 年墨西哥市共計有超過 6 百萬台車輛，幾乎是 1980 年數量的 3 倍。一大堆車輛上路，導致市區交通多半難以忍受，週間的上班日尤其如此。竹製自行車計畫提供替代的選項，可以減少塞車、增加運動量、售價也低於一般車輛。

這個案例告訴我們，創意的最終目的不是追求產量，也無關乎商業組織的財務與非財務業績。卡德納斯希望落實正向的環境改革。在理解問題之後，他運用自己的創意找到了解決方案，再有效地執行計畫。

在本章中，我們會討論創意（屬於「創業」區塊）與生產力（屬於「專業」區塊）的結合。創意是創新的必要條件。但要記得，單純追求創意並不可取；創意必須帶來

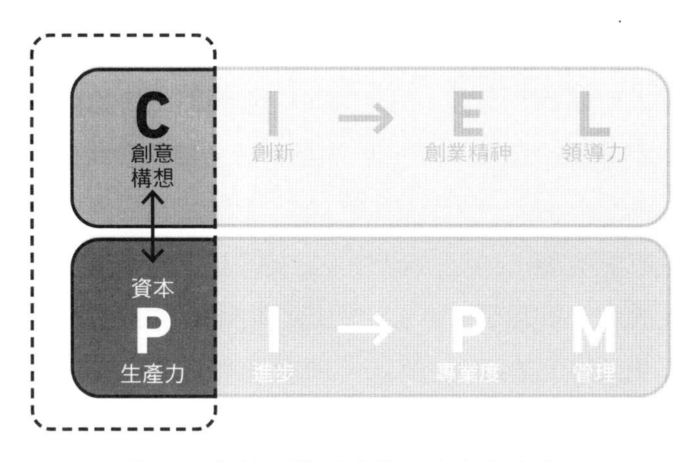

圖 7.1　全能屋模型中的創意與生產力要件

各種可行的構想，我們才有辦法加以實現（參照圖 7.1）。

因此，創意必須始於清晰界定的問題。我們必須按照企業提供的資本來衡量生產力。然而，生產力的計算不能單看輸入與輸出的方法，偶爾還會有多項無形的輸入因素。我們必須更宏觀地看待生產力，納入成果與影響，就像 Bamboocycles 發跡故事所述。

創意的問題

許多人可以輕易理解創意的定義，但要在組織中導入並運用創意並不容易，往往會有數項因素會引發創意相關的問題。我們來逐一檢視：

企業愈大、創意愈弱

一家企業規模還小時，我們通常會發現老闆擁有源源不絕的創意；但由於資源有限，加上生產力偏低，不是所有創意都能實現。然而，隨著企業持續成長，管理階層通常會忙於許多營運事務，專注於錯綜複雜的生產力計算。

如果我們疏於培養創意，創意就會愈來愈弱、變得非常有限，最終喪失靈感[1]。大企業通常都會抱持一切都要商品化的態度，意思是指具有商業取向或貿易取向。商品化導向的企業通常不需要強大的創意。商品化其實是一種催化劑，導致企業只能成為價格接受者，即市場力量不足以影響價格，又面臨許多銷售相同或相似產品的競爭對手，因而顧客的興趣缺缺，結果，被迫按照市場供需平衡的價格出售產品、願意接受低價並陷入低利潤的價格戰。只有創意獨具的企業才能創造差異化，主動成為價格制定者，最終獲得龐大利潤。

創意目的不明

企業要有創意並不稀奇，但創意本身的目的通常不明確，導致資源的浪費。如果企業依循的創意發想過程與願景和使命不同，往往就不具任何效用。即使企業從一開始就讓符合資格的員工參與價值創造的過程，管理階層仍然必須事先確保這些員工的性格與企業價值觀一致，而且適合執行企業的使命。

創意要是缺乏明確目的，無論在商業上或社會上都不會產生任何價值。這類創意只會是浪費企業資本的論調，無疑會違反企業的財務目標。在我們當前的時代中，許多企業營運都是由使命所鞭策，以因應全球、社會和環境日益增加的難題。有鑑於此，企業需要強大的創造本領，並與利害關係人合作，進而解決問題。因此，創意與企業的營運目標必須密切同步[2]。可惜的是，並非所有企業都能有效做到這點。

創意滿點，執行零分

無論創意的構想有多厲害，如果無法實現，就是浪費現有資本或（有形和無形的）資產。有時，許多構想可能會干擾企業長期以來的常規。因此，管理階層才把創意構想視為新的負擔，甚至當成問題。換句話說，管理階層可能會抗拒的那些構想，都迫使他們放棄長期習慣或常規。他們可能因為忙著解決其他問題，就拒絕接受新的挑戰[3]，無怪乎一大堆了不起的創意構想通常未能付諸實踐。

理想與現實

管理階層有時會自行假設理想中的內外環境條件，發展出自認有創意的構想。但如果實際情況有所出入，就可能造成危害。有時，企業高層還會堅持不切實際的創意。

打造堅實的企業團隊時，必須兼顧現實和理想的特質。因此，只要結合兩大思維和工作方式，團隊就會維持良好的平衡，最終能打造一流的產品服務。理想的願景可以激勵員工，甚至說服他們積極參與。但我們仍必須正視當前難題的現實。我們應該把理想視為鞭策企業及員工的願景，讓他們知道自己是為了很有意義又高尚的目標努力。但考量到實現目標的所有障礙，光有理想並不夠，員工還需要了解到，企業領導者腳踏實地，願意藉由加強執行面來直接參與、全心投入。換句話說，堅守目標固然很棒，但這會限縮推動業務時的創意。因此，務實心態將有助於克服創意上的限制[4]。

低估創意

創意有時不被當一回事。換句話說，有人認為創意會自己憑空出現，這種想法讓企業不願意投資於與創意相關的專案，假如結果虛無縹緲、難以變現，阻力就更強。

企業常有個盲點是，只想把資金花費在有形事物上，例如生產設備和日用品等實體資產，因為就輸入輸出和投報率來說，這些物品更容易計算生產力。如果有人要求撥出資金用於創意相關的實體設施，可能會引發高層的不滿[5]。

在工業 1.0 時代，一流企業的活動集中在採礦、紡織、玻璃和農業等領域，這些都仰賴有形資產，例如土地、工廠和自然資源。然而，到了工業 4.0 時代，企業績效仰賴品牌估值、智財權和解決問題的知識資產。這些都稱作無形資產，卻仍然會影響企業的利潤[6]。

創意方向不明

顧客問題是設立創意明確方向的絕佳起點。然而，顧客問題卻難以界定。會議上，通常會討論到構想，而不是著重消費者想設法解決的實際問題。

創意只要始於明確界定的問題，並且清晰地加以陳述，將會大大有助於管理階層的判斷，進而有充分的理由提供支持；如果創意與企業政策中的願景、使命和策略一致，則更是如此。實用的創意取決於問題界定的過程（參照圖 7.2）[7]。

我們也需要關注壓力對創意發想的影響。有人主張，創意強迫不來。我們經常發現，在壓力過高的情況下，創意就無法湧現。然而，如果團隊成員的動機非常強大，無論壓力有多大，他們都撐得下去，甚至可以提出多元創意構想、促成創新。

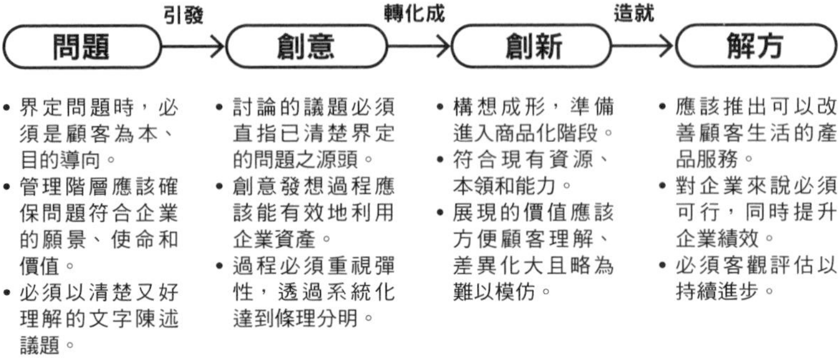

問題 —引發→ 創意 —轉化成→ 創新 —造就→ 解方

問題
- 界定問題時，必須是顧客為本、目的導向。
- 管理階層應該確保問題符合企業的願景、使命和價值。
- 必須以清楚又好理解的文字陳述議題。

創意
- 討論的議題必須直指已清楚界定的問題之源頭。
- 創意發想過程應該能有效地利用企業資產。
- 過程必須重視彈性，透過系統化達到條理分明。

創新
- 構想成形，準備進入商品化階段。
- 符合現有資源、本領和能力。
- 展現的價值應該方便顧客理解、差異化大且略為難以模仿。

解方
- 應該推出可以改善顧客生活的產品服務。
- 對企業來說必須可行，同時提升企業績效。
- 必須客觀評估以持續進步。

圖 7.2　從問題到解方各階段的重要考量

生產力的問題

單純以創意問題來總結未免有所疏失。當然，生產力也會出現難題。我們會簡單討論這個面向常常出現的主要難題，這些可能會妨礙創意轉化為生產力。

生產力的現狀

生產力通常與例行活動相關，導致管理階層停滯不前，一切維持現狀。這樣的現狀往往會剝奪創意。凡是「破壞現狀」都被當成格格不入的異類，但創意必定會破壞現狀。一般而言，企業文化偏好穩定、一致、講究標準化。

這就是難題所在，因為以現狀思維來計算生產力，就無法給予太多發揮創意的空間。別忘了，創意轉化為創新可能會直接或間接影響生產力[8]。有時，管理階層寧願迴避問題，因為這些構想不是主流。這些構想因為被視為「非我族類」而遭忽視時，就會導致企業無法創新，最終會把企業推向危機。如果企業連危機都無法擺脫，又如何能思考顧客的問題呢？

生產力是一切

企業對生產力的追求可能會給員工帶來過多負擔，員工會覺得未受到肯定、報酬不足，最後精疲力竭[9]。過於強調時間管理，原意是減輕員工壓力，但有時卻會產生反效果[10]。必須留有餘裕從事其他活動，包括休息與員工幸福感[11]。

生產力缺乏彈性

如果缺乏一致性，就很難計算生產力。企業通常透過標準作業程序打造一致性。有時，這些過程太過複雜，導致執行人員相當頭痛。然而，標準作業程序的本質是為了實現高效率和一定水準的生產力。

勤業眾信在企業內部一項出版品中，表示效率會削弱創意。生產力的基礎是節省成本、減少浪費，因此沒有太多空間嘗試新事物，包括創意構想和不同方法[12]。我們經常聽到的說法是：如果沒有量測指標，就難以適當管理。

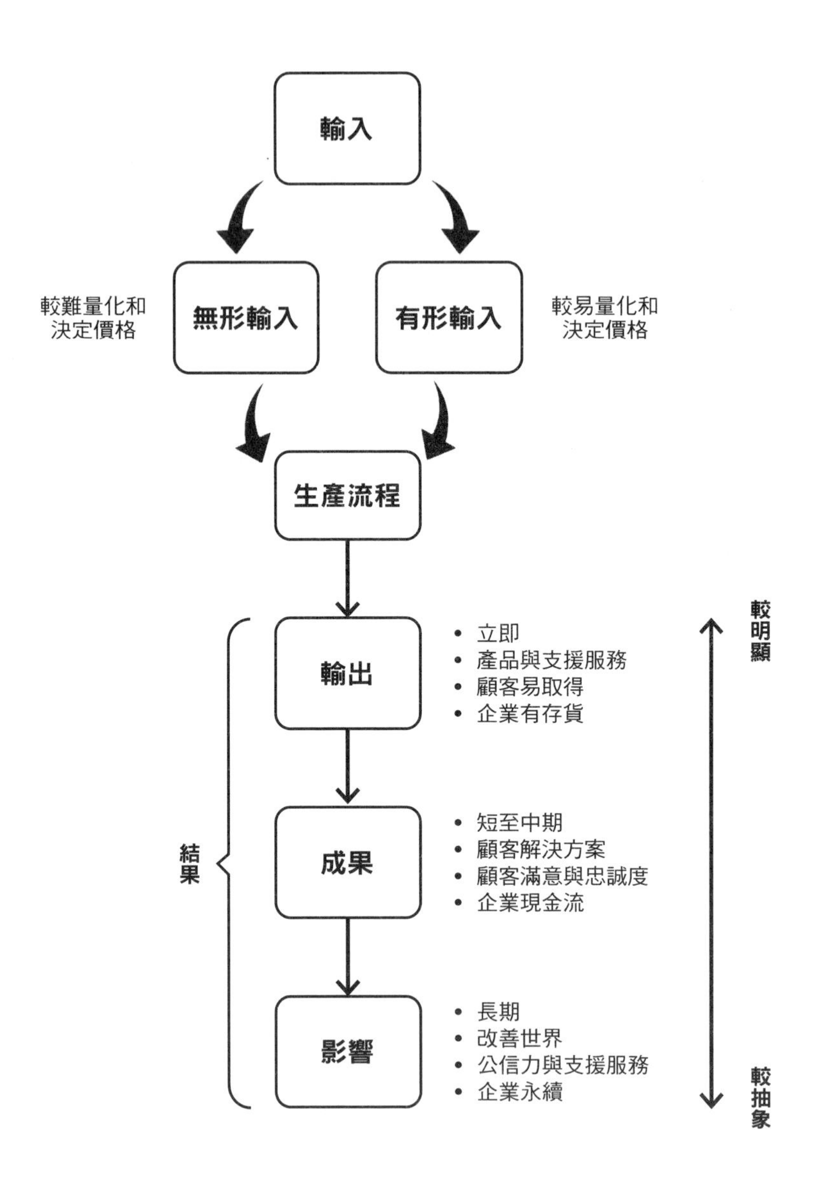

圖 7.3　從輸入到影響[13]

可惜的是，實務的量測有時太注重機械、設備、其他有形資產和營運資本等，管理階層經常忽略無形資產，因為難以用「機器」方法計算。

輸入－輸出觀點

在部分企業，生產力的計算單純仰賴於生產因素的輸入，經歷不同流程後，最終成為企業的輸出。可惜的是，這項方法通常無法納入多個無形間接因素，整個過程只看輸出，而不是真正的成果。無怪乎企業不願意花錢投資創意構想，因為企業比較的是可量化、非抽象的要件。

量化創意的構想通常十分困難。另外，沒有人知道構想是否有效，除非加以實施然後評估。確實，我們仍然必須使用輸入－輸出方法，但並不代表這個方法就是充分的條件。最終，我們不僅僅關注輸出，還要關注成果與影響。（參照圖 7.3）

輸出是生產過程的直接結果，我們通常稱作產品（包括商品和服務）。我們可以在特定生產過程完成後立即計算輸出。簡單來說，成果是從特定生產過程的輸出所產生的正面效應，由企業內部員工、顧客、社群和企業本身等利害關係人享有。我們在短中期內看到的是「成果」，而我們在長期內看到的是「影響」[14]。

吸引顧客和投資人

企業可以透過創意過程產生新構想，藉此來吸引顧客和投資人。顧客通常迫不及待地期待新產品的推出。即使實體產品尚未存在，他們可能看到有趣的新產品概念就願意預訂。如果企業具有獨特的商業構想，投資人也會感興趣。我們先來看看如何在創意和生產力要件上加以平衡這些區塊。

不耐的顧客

顧客是企業的命脈。顧客的期望可能會影響創意和生產力的處理方式。以下是應對當今顧客的主要難題：

1. 更懂要求

在社群媒體和數位裝置的加持下，消費者愈來愈能掌控自己何時、何地、如何與品牌互動。他們現在更加要求個人化服務。因此，全通路各個接觸點的顧客體驗必須無縫接軌。產品和服務需要有平實的價格，而且要可以快速方便地獲得。這也迫使企業與顧客合作和共同創造，無論是 B2C 還是 B2B 皆然，以確保高參與度。

2. 更難滿足

顧客在不同平台上產生連結，使得資訊交流和教育顧客更加容易。顧客愈來愈講究更高的標準，而且透過不斷比較手邊選項，眼光變得更加嚴格。他們會研究其他顧客給予的評價。

3. 更難有忠誠度

即使我們能滿足顧客，也無法保證顧客會繼續留下來。威瑞特系統（Verint® Systems Inc.）對全球 3.4 萬多名消費者進行的一項研究顯示，顧客忠誠度和留存率正在下降。更具體來說，受訪的消費者中有三分之二表示，他們傾向於轉換到能提供卓越顧客服務或絕佳體驗的競爭對手[15]。

4. 渴望新產品

功能需求和情感需求、品味和當代趨勢的變化很快，讓消費者產生剝奪感，促使他們不斷尋找可以立即使用、物超所值的全新產品。消費者甚至可能願意在新產品上市前就埋單下訂，這樣就可以搶先擁有或使用。

高度謹慎的投資人

投資人通常是企業的重要資金來源。然而，想要說服他們一家企業滿是創意人才、具有非常高的創造力，進而讓他們願意提供資金，其實並不容易。投資人會有興趣的是企業的投報率潛力。如果難以提供令人信服的計算，投資人對於出資就會猶豫。

以下原因可能會讓投資人對於創意存疑：

龐大的投資：創意的產生需要耗費大量心力和資源。然而，這樣通常不會立即產生期望中的結果。有時，我們會看到企業中缺乏創意，是因為各方不願意投入這些計畫所需的龐大資金[16]。

難以評估價值：投資提案複雜到難以理解時，投資人通常會卻步。創意通常是抽象的概念，我們無法立即看到結果，所以需要找到方式，讓投資人能看到並理解創意具有很高的價值，值得在投資時納入考量[17]。

失敗率高：根據哈佛商學院教授克雷頓・克里斯汀生（Clayton Christensen）所說，每年市場上推出約 3 萬件新產品，其中 95% 都失敗。另一方面，根據多倫多大學教授伊內茲・布萊克本（Inez Blackburn）所說，雜貨店的新產品失敗率介於 70 ～ 80% 之間[18]。

保守的態度：管理團隊對創意的看法往往展現高度的不信任。他們並不會進行「理性」的投資，僅把一小部分預算留給創意。假如這樣沒有任何實質結果，就會被視為或計算成小損失。投資人也抱持同樣的保守態度，因為他們無法看到創意的財務報酬[19]。

未解決的隱藏問題：除了考量投資金額外，投資人往往會發現增加風險的隱藏問題。如果一家企業的文化不符合創意精神、不納入具有創意天賦的人才、或管理團隊並未致力於支持創意（提供時間和資源），那投資人就會對此表示懷疑[20]。

大開支票的創意提案：投資人聽見好到難以置信或複雜到難以理解的提案時，可能會不願意投資。他們也許很了解理論上看起來不錯、卻未能真正落實或失敗的創意構想。自然而然，投資人會對看起來較有商機的投資組合感興趣。

兩輪個人代步工具賽格威（Segway）的創辦人曾預測賽格威會改變交通產業。創辦人還設想，銷售量會激增到每週 1 萬台，成為史上最快達到 10 億美元銷售額的企業。遺憾的是，預測並未成為現實，賽格威在四年內只售出了 2.4 萬台。這個問題源於賽格威僅是一般代步工具，因而無法與摩托車、自行車和汽車等其他交通工具競爭。部分民眾甚至寧願走路（免費！）也不想使用賽格威代步[21]。

藉由了解這些障礙並找到解決方案，我們可以提升吸引投資人的機率。他們的出資通常會促使企業發展創意。說穿了就是：他們的投資十分重要。

本章要點

- 想要落實創意要解決不少難題，這通常發生在大企業中，或缺乏明確使命、無執行力、太理想化、不受肯定和方向模糊的環境中。
- 過於強調生產力可能會導致現狀思維、員工過勞、彈性不足，以及輸入－輸出觀點。
- 當今的顧客更懂要求、更難滿足，又迫不及待想擁有新產品。
- 投資人難以砸錢投資創意，因為可能成本高昂、難以估值、失敗率高、組織內部缺乏支持、或抽象到難以理解。
- 結合創意和生產力的優勢，可以幫助企業留下顧客並吸引投資人。

Chapter 8

中國最大的房地產企業恆大集團垮台的原因

——缺乏創新本領的財源

假如企業有強大的創造力，可以推出創新、帶來獲利，或至少未來具備獲利潛力，就會吸引到投資人。所謂的「投資」，意思是投資人把資金投入企業，同時會期待獲得報酬。投資人自動成為企業的股東。其中隱含的意思是，投資人並非提供貸款。

如果目的是要提供貸款，就只會看到企業償還貸款本金與利息的能力，放款人不在意不同的創意構想或產生過程，而是關心企業能否在期限內償還本金和約定的利息。在違約情況下，債務人會聲請企業破產，債權人便有權利沒收現有資產來代替貸款。

有鑑於此，我們可以把創造力與企業資產視為相關，這具體取決於一方對於創意的肯定態度，以及創意是否真的是主要考量因素。

放款人觀點

放款人或債權人只關心企業的營收，因為企業會以營收來償還貸款本金和約定的利息。有時，企業會出售一些股份換取現金，這也可以用來償還債務。

恆大集團是中國最大的房地產企業，過去積極擴張事業，共向國際放款人借了超過 3 千億美元。新冠疫情來襲時，房地產事業萎縮，影響恆大的償債能力。2021 年 12 月，企業財務風險評等機構惠譽（Fitch）宣布恆大違約。恆大未能按期償還向國際放款人借的 12 億美元，不得不出售部分資產來償還債務[1]。

投資人觀點

另外，如果有一方願意把錢投入企業，代表完全相信該企業的創意構想提案，只不過企業可能在頭幾年內先承受損失。投入資本的一方稱作投資人，擁有一部分的企業股份。在資產負債表中，我們會看到權益增加。投資人會透過查看權益報酬率和資產報酬率的計算，來追蹤已砸下資本的生產力。

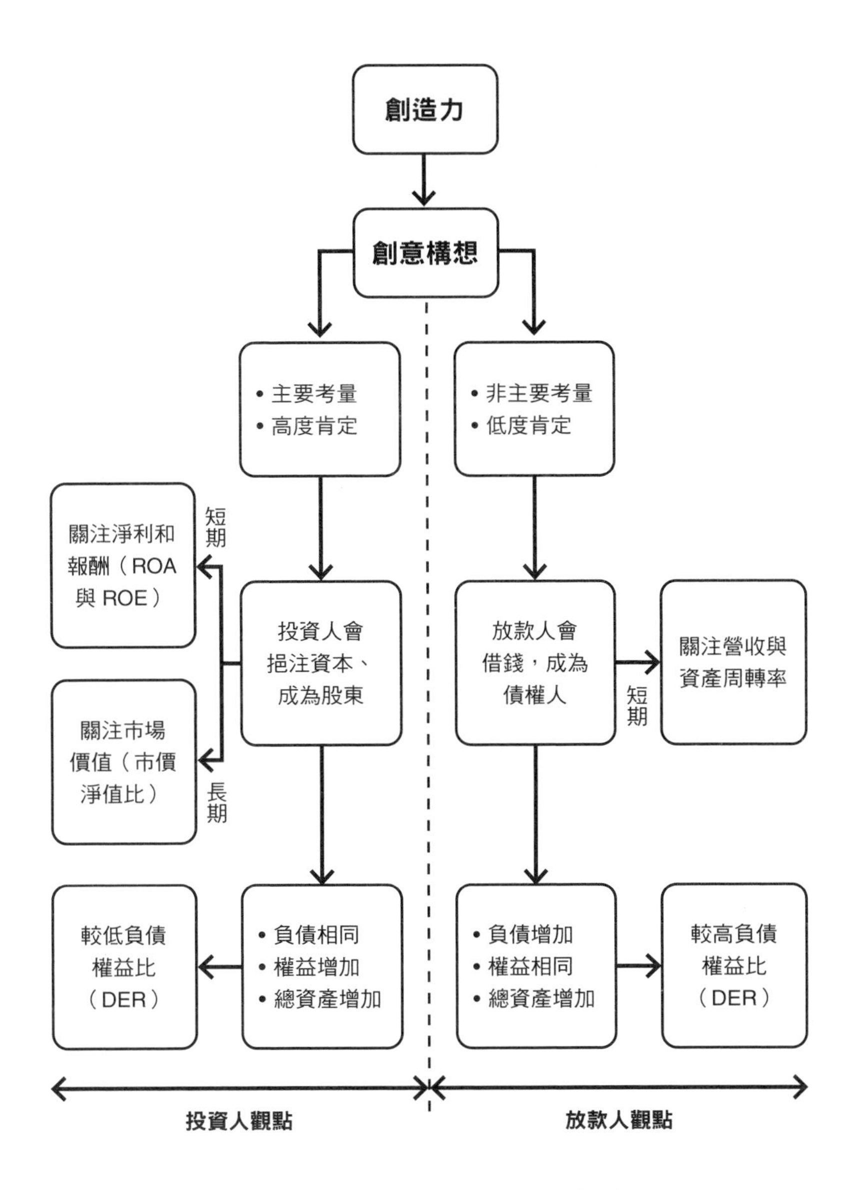

圖 8.1　放款人觀點與投資人觀點

投資人還會監測企業市場價值的變動，像是高於或低於帳面價值。如果市場價值迅速上升，則顯示市場確實肯定企業非凡的無形資產或非財務資產，包括創意（其實極具價值卻往往不被當成資產認列在資產負債表上）。另外，投資人可能會等待適當時機，以更高價格出售自己的股份（參照圖 8.1）。

創意的精髓

我們了解創意對一家企業的重要，並把創意與資產負債表結合後，就需要進一步確定創意發想過程的本質。首先，我們要檢視多個改變驅動因子觸發的不同動態條件，這些包括總體環境的四大要件：科學／技術、政治／法律、經濟／商業、社會／文化。這些要件涵蓋個體環境的一個要件：產業／市場。產業／市場也是個體環境另外兩個要件（競爭對手和顧客）的橋樑。

企業必須不斷觀察這五大改變驅動因子，以及受其影響的兩個要件。想要產生創意構想，得注意兩個基本部分。我們會在下文逐一討論：

1. 打造選擇

首先要探討五大改變驅動因子，然後進行分析，進而帶來發現。在下一階段，我們運用想像力把假設情境具象化，整合各種資訊來尋找不同的可能，再整合成構想以提供進一步的考量。

在打造選擇方面，企業會是鼓勵員工利用自身能力來探索和想像的場所。這個想像過程會激發許多創意構想，這些都可以成為開發解決方案的雛形。我們必須採取擴散式的思維，以提供最大彈性來探索與想像。

2. 做出選擇

接著，我們透過評估過程來優先考慮現有的選項。一家企業得確定內部是否擁有實現這些創意構想的資源和本領，也要進行能力的盤點，以了解自家相對於部分重要業者或其他競爭對手的競爭優勢大小。

再來，下一階段是透過概念測試進行驗證，然後企業再決定是執行還是中止。企業會需要決定哪些創意構想在技術上可行，而測試會帶來洞見，指出可以落實的構想。因此，我們必須依照聚斂式的方法（參照圖 8.2）。

在產生技術上可行的創意構想後，這個創意過程的循環會再次回到初始階段。這些隨時能適應變動的構想，通常會對企業財務產生正面影響。如前所述，背後的資金可能來自企業本身、放款人或投資人。

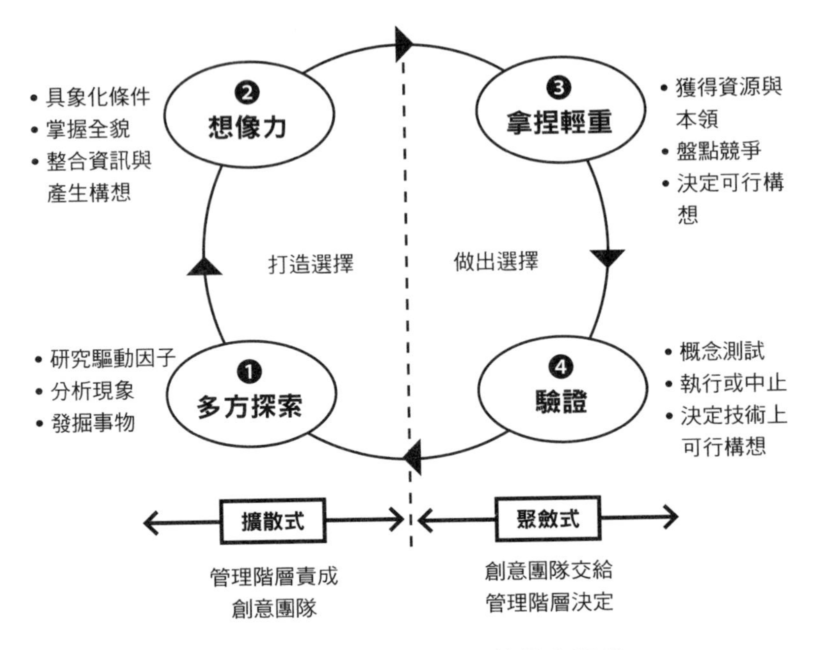

圖 8.2 創意發想過程的擴散與聚斂

量化創意的生產力

雖然以生產力衡量創意並不容易，但首先我們可以在一件事上達成共識。生產力結合了效能與效率，這是借鑑自財務方法。概念上，創意團隊做為企業資產之一，應該在特定的期限（T1）內產生技術上可行的創意構想，再從這些創意構想中決定哪些部分會在特定的期限（T2）內，開發為實際產品（參照圖 8.3）。

圖 8.3　創意人才、創意構想與創意實踐

創意的效能

理論上來說，我們可以把技術上可行的創意構想總數（I）除以創意團隊人數（P）來計算創意效能（$C_{Effectiveness}$），這會得出每人技術上可行的構想總數。我們可以把公式表示如下：

$$C_{Effectiveness} = \frac{I}{P}$$

我們用資助創意發想過程的預算金額（B）來替換人數，就可以確定每單位支出金額技術上可行的構想總數。這個公式如下：

$$C_{Effectiveness} = \frac{I}{B}$$

企業遇到來自潛在顧客的問題需要解決時，可能會設定在一個期限前要生出幾個技術上可行的創意構想。如果創意團隊未能在期限前完成，企業可能會喪失進入市場的時機，創意構想的新奇度也開始下降。在期限過後，企業可能會在特定情況下給予寬限期，再來就完全取決於創意團隊是否能在寬限期結束前，提出創意構想。因此，我們可以按照表 8.1 列出的條件，為創意公式早期效能添加係數（t_1），大小介於 0 和 1 之間。

表 8.1　係數 t_1 值

係數	先決條件
$t_1 = 1$	創意團隊能更快實現特定數量的技術上可行構想，或能按照規定的期限實現。
$0 < t_1 < 1$	創意團隊能在規定的寬限期內，實現特定數量的技術上可行構想；愈接近期限，t_1 價值愈低。
$t_1 = 0$	創意團隊無法在規定的寬限期內，實現特定數量的技術上可行構想；或創意團隊過了規定的寬限期，才有機會實現這些構想（可能部分實現或完全沒實現）。

圖 8.4 詳細說明了這些條件：

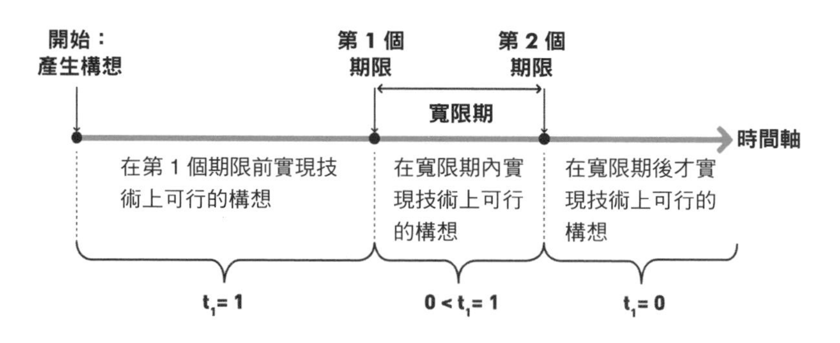

圖 8.4　時間軸上的係數 t_1 值

因此，計算創意效能的兩個公式可以修改如下：

$$C_{Effectiveness} = \frac{I}{P} t_1$$

或

$$C_{Effectiveness} = \frac{I}{B} t_1$$

創意的效率

理論上來說，我們可以把成為具體產品（已證明能解決顧客問題且準備好商品化）的創意構想總數（R），除以技術上可行的構想總數（I），藉此計算出創意效率（$C_{Efficency}$）。公式如下：

$$C_{Efficiency} = \frac{R}{I}$$

與效能計算類似的是，企業在計算效率時，會針對不同的技術上可行構想設下期限。如果創意團隊過了規定的期限與寬限期，就會來不及推動商品化，繼續下去也是白費工夫。因此，我們可以加上另一個係數（t_2），條件如表 8.2 所列：

表 8.2 係數 t_2 值

係數	先決條件
$t_2 = 1$	企業能更快實現特定數量的技術上可行構想、做好商品化準備，或能按照規定的期限實現。
$0 < t_2 < 1$	企業能在規定的寬限期內，實現特定數量的技術上可行構想、做好商品化準備；商品化準備愈接近期限，t_2 價值愈低。
$t_2 = 0$	企業無法在規定的寬限期內，實現特定數量的技術上可行構想和做好商品化準備；或企業過了規定的寬限期，才有機會實現這些構想（可能部分實現或完全沒實現）。

圖 8.5 詳細說明了這些條件：

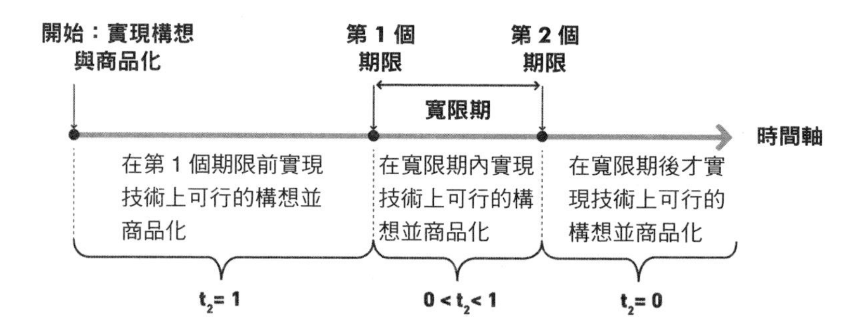

圖 8.5 時間軸上的係數 t_2 值

因此，計算創意效率的公式可以修改如下：

$$C_{Efficiency} = \frac{R}{I} t_2$$

創意的生產力

我們結合創意的效能與效率兩個公式，理論上就可以量化創意的生產力（$C_{Productivity}$）。這可以分為按照人即資產（即人均創意生產力）的非財務算法，或按照預算分配（即每單位支出金額的創意生產力）的財務算法。計算公式如下：

$$C_{Productivity} = \frac{I}{P}t_1 \times \frac{R}{I}t_2$$

$$C_{Productivity} = \frac{R}{P}t_1t_2$$

如果$T = t_1t_2$，那麼$C_{Productivity} = \frac{R}{P}T$

或

$$C_{Productivity} = \frac{I}{B}t_1 \times \frac{R}{I}t_2$$

$$C_{Productivity} = \frac{R}{B}t_1t_2$$

如果$T = t_1t_2$，那麼$C_{Productivity} = \frac{R}{B}T$

當然，量化創意生產力的公式充滿太多簡化，忽略許多因素（例如創意構想的原創性、模仿的難度、創意團隊承受的壓力）和創意發現過程中可能出現的變數（例如商業環境驟變）。這些都可能會影響計算結果；然而，我們可以運用這些公式來指出大方向。

生產型資本的創意

在這個脈絡下，資本指的是企業用來支持創意的資產價值，創意則造就可供出售的商品並產生盈餘。因此，企業需要了解自家應該分配多少資本來支持創意，才能獲得最佳結果。簡單起見，我們會把用來支持創意的資本與技術上可行的創意構想總數視為相關。支持創意的資本只要上升，技術上可行的創意構想總數也會上升，只不過快慢有所差別。到了某個時間點，技術上可行的創意構想總數會減少。挹注於創意的資本與技術上可行的創意構想之間的關係，共分成四大類。我們來逐一檢視：

1. 低度投資範圍

如果有額外的投資，技術上可行的創意構想總數會上升，而且成長率有加快的趨勢。這顯示，創意團隊的能力尚未充分利用，支持團隊的投資仍然介於極低到中等。因此，企業需要分配額外資本來支持創意，技術上可行的創意構想總數會增加，創意團隊在這個範圍內往往動力十足，但壓力仍然很小。

短影音社群媒體 Snapchat 是由史丹佛大學學生艾文·斯皮格爾（Evan Spiegel）、雷吉·布朗（Reggie Brown）和鮑比·墨菲（Bobby Murphy）於 2011 年所創。一開始，斯皮格爾在產品設計課上發表了一款 App，可以跟朋友分享各種搞笑時刻，但 24 小時後就會被刪除。在 Snapchat 的開發過程中，整個團隊的動力仍然很高，想實踐的使命是要傳達各式各樣的人類情感，而不僅僅是追求外觀的美感或完美[2]。當時，他們都還是大學生，缺乏商業思維，因此 Snapchat 固然有很大的潛力，卻無任何開發 Snapchat 的投資挹注。

2. 趨近最佳投資範圍

這關乎某個金額前的每筆額外投資，都會助長技術上可行的創意構想總數，但成長率會下降。這個情況顯示，創意團隊開始要達到最大產能了。企業這時有兩個選項：第一，增加創意團隊的參與人數、提升投資金額以提升創意；第二，增加投資金額，但維持相同人數，直到他們無法再實現技術上可行的創意構想。在這個範圍內，創意團隊的動力仍然很高，壓力介於中到高之間。

資本 A 有限公司（Capital A Berhad）是亞洲航空集團（AirAsia Group）於 2022 年 1 月 28 日，在吉隆坡宣布的新控股公司。這家控股公司反映了從航空業轉向綜效型旅遊與生活風格事業的全新核心事業策略。在 COVID-19 疫情期間，亞洲航空營收大幅下降，想恢復疫情前的營收極為困難。因此，資本 A 有限公司聘用更多人才，讓事業多角化，推出金融產品 BigPay、教育科技和蔬果食品事業。這個轉變獲得韓國大型企業 SK 集團的正面回饋，SK 集團提供 1 億美元的資金在亞洲開發 BigPay。資本 A 執行長東尼・費南德斯（Tony Fernandes）表示，這不只是全新品牌，還象徵著全新時代，因為該集團已經超越航空事業[3]。由此可見，擴大事業範圍（源自策略轉向）需要額外的投資與人力，才能讓最大生產力契合龐大事業需求。

3. 最佳投資時機

在趨近最佳投資範圍內，假如企業決定不增加創意團隊的人數，創意團隊很快就會達到最大產能。此時，創意團隊的工作壓力變得非常大。工作條件愈來愈令人不舒服、不利於創意發現。企業便來到最適合投資支持創意的時機，可以為生產型資本打造第二創意曲線，其中之一是透過增加人數來增加創意團隊的產能。此時，創意團隊承受非常大的壓力，動力則變得非常薄弱。

進入矽谷任職對於部分理工人來說，可能乍看之下是夢幻的工作。矽谷企業通常提供免費午餐、優渥薪資來吸引頂尖人才。然而，表現優秀的員工通常承受著巨大的壓力，得一直推出創新產品、提升企業營收。

即使進入「夢幻企業」工作，也無法保證工作動機就會強烈、忠誠度就會高。這就是為何許多美國人在「大辭職潮」（Great Resignation）期間辭去工作，部分原因當然與疫情有關，有些人在尋找更好的福利，例如遠距工作、彈性工時、以及能投入更多時間從事更有意義的任務[4]。我們可以了解，並不是每個人都適合替要求嚴苛的企業工作——薪資再高也一樣。

4. 過度投資範圍

在這個範圍內，每增加一筆資本，技術上可行的創意構想總數都會減少。企業必須立即停止投資，思考必要步驟來確保曲線上升（參照圖 8.6）。如果企業決定不在投資最佳時機增加創意團隊人數，卻又繼續擴大投資、要求創意團隊去發展更多技術上可行的創意構想，最後只會產生反效果。過多的工作量讓創意團隊的壓力過高，進而讓他們失去發想的動力。結果，我們便看到技術上可行的創意構想總數減少。

昆西服飾（Quincy Apparel）是一家設計、製造和銷售上班服飾的企業，提供高端品牌的剪裁與質感，但價格更為平實，目標客群是年輕專業女性。為了提升市場滲透率，這家企業向部分投資人提案。然而結果卻恰恰相反，因為投資人只讓昆西的困境加劇。創辦人對於創投家（投資人）的建議備感失望，因為創投家一味催促昆西全力發展——這些投資人較熟悉的科技新創就是如此。這樣卻迫使昆西

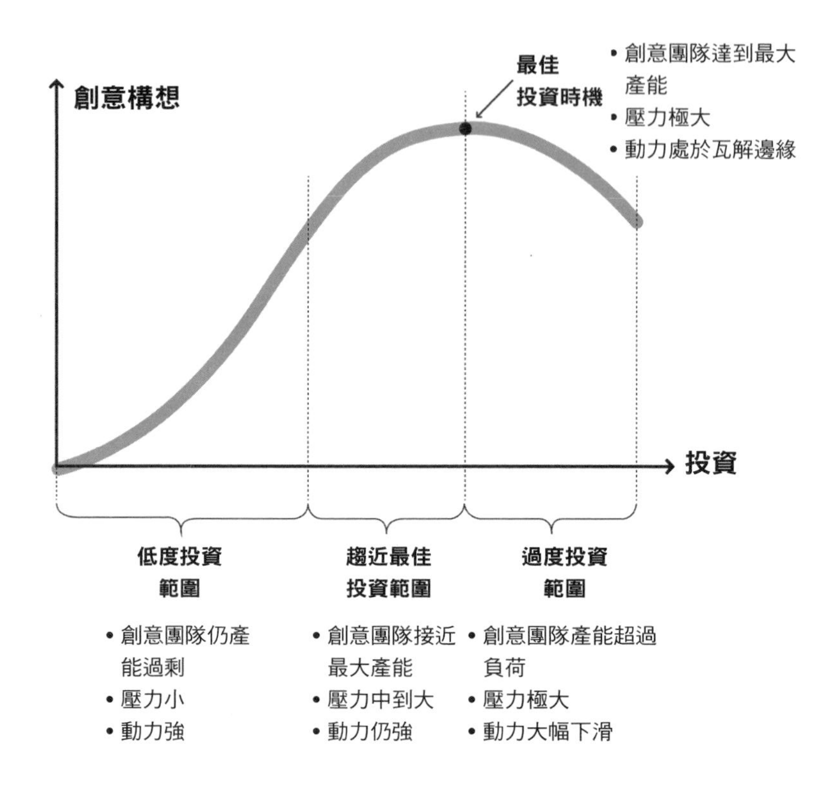

圖 8.6　創意投資的不同範圍

在解決生產問題之前，就累積大量庫存、導致現金耗盡，讓創辦人承受了龐大壓力[5]。

由此可見，我們需要優異管理能力來分配資本，尤其是分配給創意相關活動的資本。管理階層也必須知道何時要增加、減緩和停止投資。另外，管理階層需要說服投資人，企業的創造本領確實具有價值，展現企業能打造巨大的產品差異化，而且確實能在之後的階段實現商業化。

此外，投資的增加與創意團隊的工作量上升成正比，而這就會增加工作壓力。因此，管理階層最好保持創意團隊成員的動力，確保他們能繼續表現出色，關鍵在於擬定策略來避免腦力疲勞和失去動力，以免導致生產力下滑。

並非所有企業都適合實施高壓的職場文化，也並非所有創意團隊都能在競爭激烈的產業職場文化中保持高生產力。工作壓力高到被期限追著跑，可能會讓人失去動力，無法充分發揮創意。因此，人才管理的角色就顯得非常關鍵。創造力不相上下的人才在相同的工作環境中，也可能展現不同的績效，因為每位人才都有各自的特質或心理特徵。因此，人才與職場的相容對於競爭力愈來愈重要。

在全能屋模型中，創意和生產力之間的箭頭互指，這代表我們必須時時刻刻在這兩個面向上取得平衡。具有豐富創意的中小型企業需要開始重視各種資本生產力的計算，攸關支持創意的資本更是如此。相較之下，假如老牌企業不時感到受困於生產力相關的複雜計算，就必須重新提出、鞏固自身弱化的創造力。

了解創意和生產力兩者合流的本質，會讓我們能大幅改善結果，而不僅僅是輸出，還會讓我們更能清楚地檢視用來提升企業創意的資本生產力。

本章要點

- 放款人通常會先關注貸款是否能償還，不太注重創意的價值。
- 投資人為不同的創意構想提供資金，前提是這些構想能有投報率，並提升市場價值。在最佳時機時，他們就能出售股份獲利。
- 創意可以從效能、效率和生產力高低來衡量。
- 企業需要投入適當資本以獲得最佳的創意成果。

Chapter 9

造就瘋狂席捲全世界的抖音

——來自創新與進步的具體聯合

創新就一定會帶來進步嗎？不見得。

實際上，過程常常不順利，創新牽涉的因素太多 ，導致凡事都說不準，需要各方共同努力才能朝進步的方向前進。

以字節跳動（Bytedance）為例。字節跳動成立於 2012 年， 人稱「App 工廠」，其中最著名的是抖音（TikTok）和今日頭條。而字節跳動近來的創新帶動大幅成長，其中包括 2021 年營收增加 60％[1]。同年，該企業估值突破 4250 億美元[2]。以下就來進一步檢視「抖音」和「今日頭條」何以造就如此顯著的成長。

抖音這個短影音分享平台成立於 2017 年，比其他社群媒體業者更快地吸引到 10 億名使用者。抖音最重要的競爭優勢來自於速度、能力和 AI 科技，這些都提供消費者形形色色的產品和服務。舉例來說，抖音包括了標籤、音檔和影片編輯與圖片濾鏡等所有功能，而以前這些功能不可能在單一應用程式中出現。使用者可以輕鬆獲得自己所需的內容，立刻無縫地製作內容[3]。

今日頭條是一個新聞應用程式，採用相同的商業模式，不僅提供來自官方新聞機構的新聞和內容，部落客與網紅也參與其中。這個整合的應用程式結合許多資訊，大受使用者歡迎，每天平均使用時間達 74 分鐘。

另外，今日頭條還導入機器人撰寫即時事件的原創新聞，例如 2016 年奧運報導[4]。今日頭條還有一個在地化功能，可以協助尋找失蹤人口，即「尋人啟事」，向一定半徑內所有使用者推送通知。

我們從字節跳動的例子可知，創新必須聚焦於顧客解決方案，從而為企業帶來進步（參照圖 9.1）。這個過程的基礎是顧客吸引力、技術可行性和獲利存續性[5]。消費者只會想買能幫自己解決問題的產品服務。而產品服務要可行，必須先將適當的資源、本領和核心能力最佳化。

持續不斷的創新會造就企業短期和長期的成長；短期可能包括顧客接受度、使用者滿意度上升，或忠誠度的認定，長期成長反映在利潤上升、獲利能力增加等。影響整體社群，就可能達到永續經營。

當然，字節跳動似乎已連結了創新（即為顧客提供解

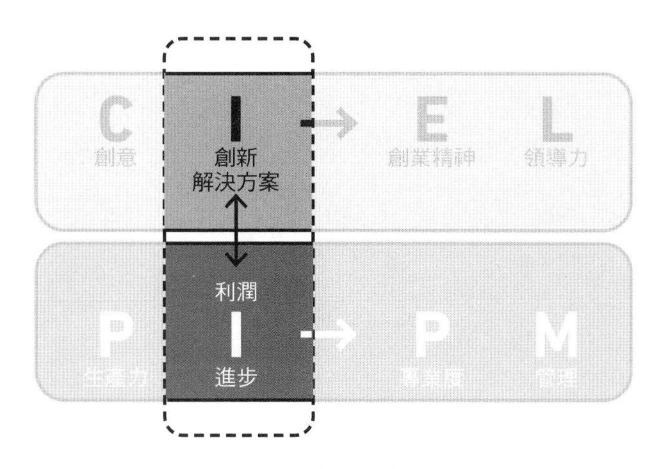

圖 9.1　全能屋模型中的創新與進步要件

決方案）和進步（即提高自家利潤）。而為了取得最佳成果，兩者缺一不可。在本章中，我們會提出必要步驟來結合兩者，藉此建立競爭優勢。第 1 步就是 4C 分析。

步驟 1：4C 分析

在第 3 章中，我們討論了改變的五大驅動因子（科技、政治／法律、社會／文化、經濟與市場）。這些會刺激創意構想，再加上企業內部來源，便促成解決方案導向的創新。具有創業行銷思維的人，看得到改變中的各種現象。這便奠定了檢視機會（顧客面向）與現有挑戰（競爭對手面向）的基礎。

創業思維的方法，凸顯我們可以為顧客提供哪些創新解決方案，同時又可以提升企業利潤。在這個階段，我們可以測試落實創業行銷思維的精準度，而指標是對於 4C 模型中其他 3 個要件（顧客、競爭對手和企業本身）的理解程度。這個練習能確保創新是解決方案導向[6]。以下是我們想進行的分析。

1. 顧客分析

我們必須運用資料來了解顧客，資料可能是質化、量化、主要或次要，具體取決於我們想要提供的解決方案，而蒐集資料的內容，以喜好、意見、建議和顧客面臨的問題為主。

這正是義大利科技業者阿里斯頓（Ariston）的做法。有鑑於消費者都想好好享受淋浴的體驗，阿里斯頓打造一款配備 Wi-Fi 連線能力的智慧型熱水器。這個發明讓顧客能從手機上遠距控制溫度[7]，消費者可以調低溫度來節能，該熱水器還使用演算法來辨識消費者習慣、再做出相應的調整。

2. 競爭對手分析

我們還必須了解市場上的競爭對手，包括直接競爭者與替代品，以確保自家提供的解決方案具有優勢，才能在競爭中脫穎而出。此處的目標是在消費者認知中，創造出相較於其他現有解決方案的更高價值。

賓士汽車（Mercedes-Benz）先前就發現，競爭對手尚未廣泛實施解決方案為本的策略，於是就藉機打造競爭優勢，因而推出 Actros 這款可以客製化設計與組裝的重型卡車。賓士汽車在開發過程中運用虛擬實境科技，而位於德國沃施（Worth）的主要工廠每款日產量高達 470 台。Actros 還可以根據 B2B 企業需求進行客製化[8]。

3. 企業分析

我們需要了解自家企業，才能確定我們的資源、本領和核心能力可以實現多少目標，再把這些解決方案推向市場。企業分析的關鍵之一是確定企業的核心能力（參照圖 9.2）。我們希望確保自己提出的創新不過於偏離這些能力。

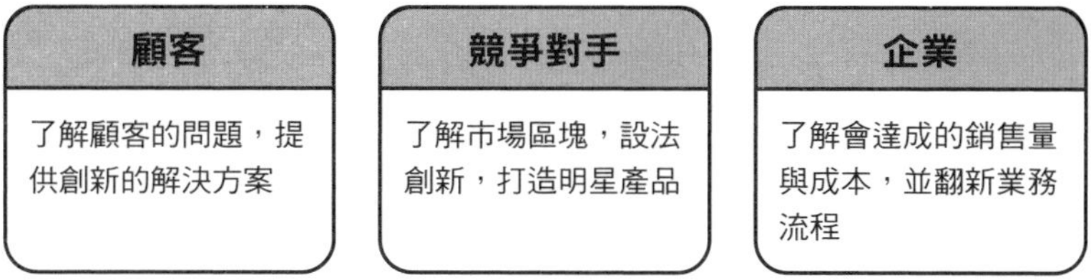

顧客	競爭對手	企業
了解顧客的問題，提供創新的解決方案	了解市場區塊，設法創新，打造明星產品	了解會達成的銷售量與成本，並翻新業務流程

圖 9.2 顧客、競爭對手與企業分析

日本時尚品牌優衣庫（Uniqlo）讓全球消費者掀起休閒打扮的風潮。此外，他們開始為顧客提供耳目一新的時尚選擇，不但提供 HeatTech 保暖衣，還推出 AIRism 系列快乾衣物，以及具防曬功能的 UV Cut 系列。這些解決方案運用企業資源，讓顧客持續回購適合、舒適又創新的服飾[9]。

這些分析可以用兩類方法來進行：內部觀察與外部觀察。

內部觀察方法

提出創新的解決方案前，要先檢視企業擁有的資源。這個方法符合資源為本的觀點，即評估現有有形與無形資源，再找到合適的市場來實現創新解決方案。

外部觀察方法

我們還可以藉由探索市場機會和觀察，來開發創新的解決方案。這個方法符合市場為本的觀點（又稱作市場定位觀點），意思是以原生或合作的方式，提供必要的資源和本領，以落實符合市場需求的創新解決方案。

保守與激進

無論採取以上哪個策略，都無關乎對錯，而是選擇的問題，取決於我們面臨的條件。無論如何，企業在這些過程中可以選擇保守或激進。

假如是保守的策略，企業往往會謹慎行事，專注於競爭對手的做法，以及顧客的發展方式。接著，企業會思考哪個解決方案才適當。保守的策略讓企業較為被動反應、跟隨趨勢所向。企業所做的改變本身是漸進出現，也常由市場驅動（參照圖 9.3）[10]。

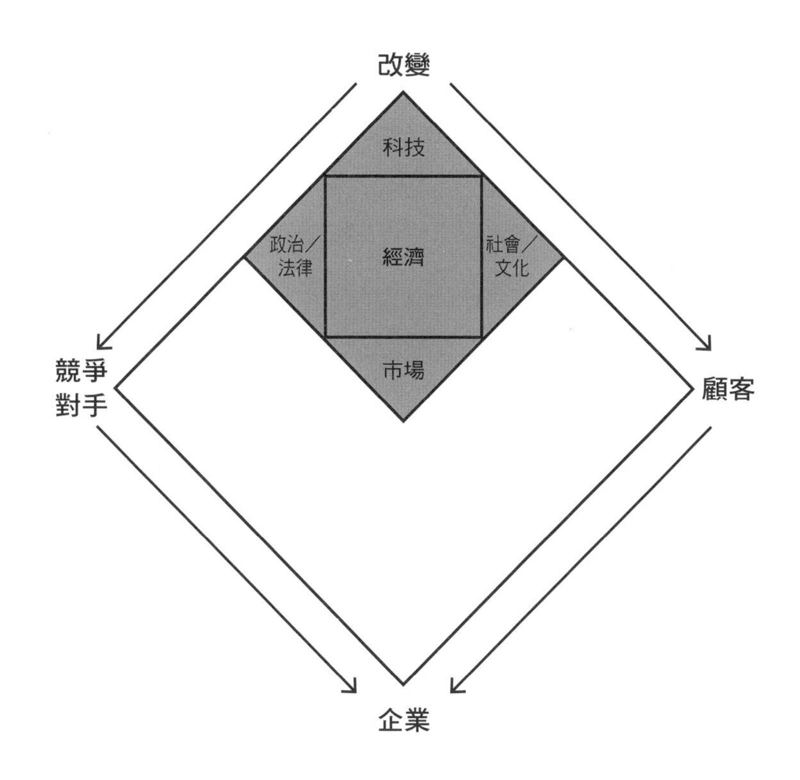

圖 9.3　市場驅動型企業的 4C 模型

假如企業採取激進的策略，就會運用五大改變驅動因子的分析，找出可能發生的重大影響。接著，企業會思考哪個解決方案能造成較大的顛覆，進而打造全新遊戲規則來影響其他業者與顧客。我們通常把這樣的組織稱為驅動市場型企業（參照圖 9.4）。

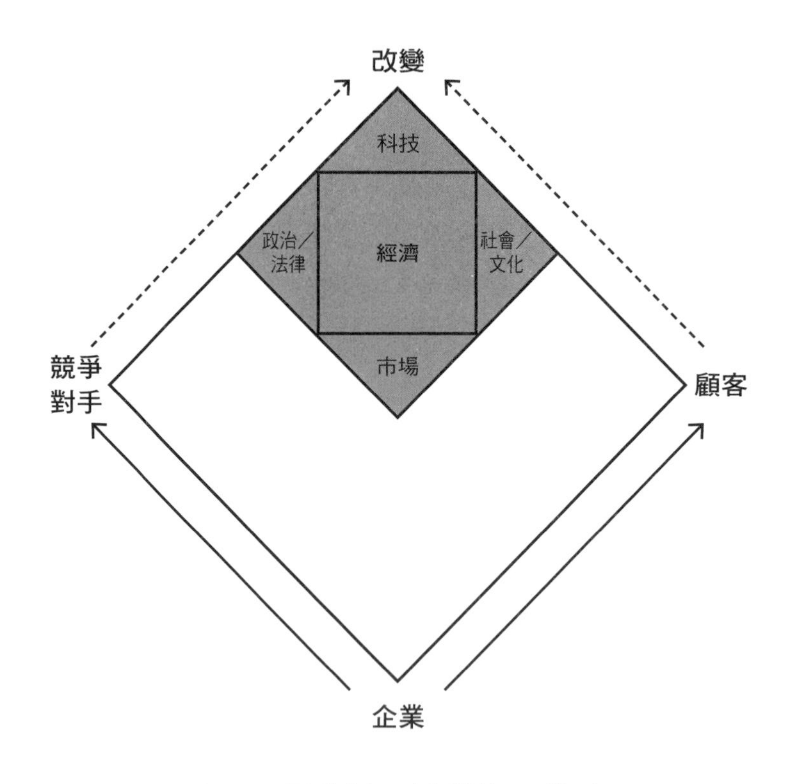

圖 9.4　驅動市場型企業的 4C 模型

改善利潤的創新解決方案

身為具有企業家思維的人，我們不能僅滿足於非財務成果。如果我們取得的非財務成果相當不錯，但財務結果差強人意，那就有問題了。我們必須檢視企業的執行或營運面向。

創新解決方案必須提高企業的獲利能力，這包括毛利率、營利率、淨利潤和 EBITDA（稅息折舊及攤銷前利潤）。因此，我們必須檢視損益報告或企業營收報表以獲得結果。我們先思考如何進行創新，以及創新可能造成的財務影響。

創新的方式

一家企業可以改變商業模式、產品或顧客體驗來進行創新[11]。藉由改變商業模式，組織可以在商業生態系中鞏固更強大的地位。舉例來說，製造飛機引擎的勞斯萊斯（Rolls Royce）推出以時計費的航空業者訂閱服務。航空業者只要向勞斯萊斯支付固定的計時費用，就能獲得安裝、檢查、保養和除役的服務[12]。

就顧客體驗而言，創新可以透過全通路、服務、品牌等方式落實。23andme 提供一個簡單的方式，讓人可以了解自己的 DNA 和基因體。該企業推出的第 1 項服務是溯源暨特徵個人基因服務（Ancestry + Traits Personal Genetic Service），幫助大眾了解自己的基因起源。23andme 先寄送檢測套件採樣個人唾液，再以電子郵件寄送測試結果。顧客可以經由線上對談分享各自的發現。一般人都喜歡更了解自己，而根據該企業所稱，DNA 檢測確實屬於貼近個人的體驗[13]。

並非所有創新都可以由單一企業來實現，因為資源、本領甚至競爭力都有限。因此，許多創新也是透過與各方合作才能促成。N26 網銀、樂高（LEGO）群眾募資和 AXS 實驗室（AXS Lab）都是很好的例子。N26 與 Transferwise 合作，以提供更優質的轉帳服務，不僅可以跨行、更可以跨國[14]。樂高的群眾募資十分成功，透過直接與顧客互動來提供當紅產品[15]。AXS 實驗室則與 PwC 合作推出無障礙地圖[16]。

檢視策略契合度的三大面向

我們在應用企業家行銷思維來確保實現創新解決方案時，需要考慮三大面向，以確保策略符合企業最終目標：

面向 1：問題與解決方案相應度

這是指顧客為本的方針，奠定解決方案至上這項原則的重要基礎。我們必須從顧客的角度理解真正的顧客問題。我們希望充分理解顧客的問題，再為合適的顧客提供正確的解決方案。只要問題與解決方案兩相契合，我們的產品就可以成為顧客要的答案。

面向 2：產品與市場相應度

各家企業在競爭激烈的市場上提供五花八門的產品。因此，我們提供的產品必須最適合特定市場區塊。透過差異化、最佳品質、難忘的顧客體驗甚至極具競爭力的價格，我們就可以創造顧客所認知的最高價值。

面向 3：收穫與付出相應度

顧客所購產品的功能與情感效益愈大、入手所需的金額愈低，產品本身就愈受歡迎。但這些顧客喜好也必須創造價值。因此，一家企業應該要了解自身可以實現的業績與所需成本，才能確保創造顯著的價值（參照圖 9.5）。

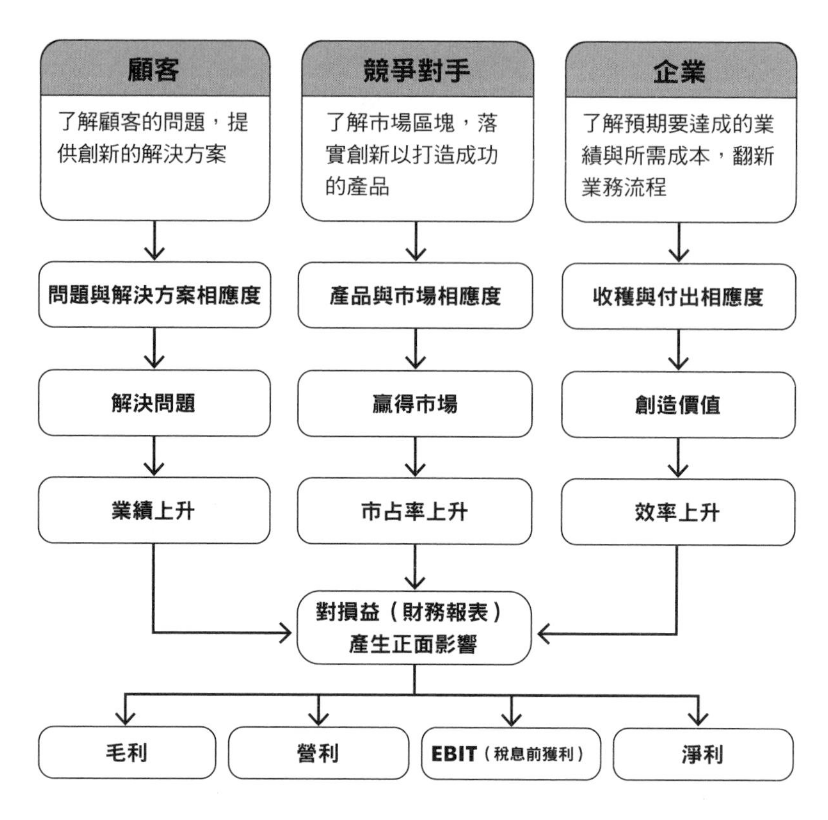

圖 9.5　策略契合度對損益的影響

利潤的漸進變化與劇烈變化

有鑑於企業落實的創新方向是提供適當的解決方案給特定顧客群，我們必須評估創新產生的差異化有多強，以及競爭對手有多難模仿。假如差異化很強，企業就可以成為定價者（price maker）。否則，企業便必須成為受價者（price taker）。

我們由此可以認清一家企業的利潤會遇到哪4種情況。

情況1：短期低利潤

如果差異化的結果與既有解決方案相比不太顯著，就會出現短期低利潤的情況。這類差異化的價格不太高，因此僅產生些微的利潤。此外，如果競爭對手輕鬆地模仿這類差異化，我們就會無法長期享有這個低利潤，因為模仿會快速導致商品化（編按：這裡的「商品化」是指，商品變得普及，進而削弱製造商或品牌所有者的定價能力，從消費者的角度看，商品變得更加相似時，他們會傾向去購買最便宜的產品）。最後，我們必須不斷以市價出售而壓縮利潤。因此，利潤也許會在短期內漸漸上升，但也僅止於此。

情況2：短期高利潤

利潤可能會在短期內大幅上升，但僅限於短期。如果差異化的結果與既有解決方案相比非常顯著，就會出現短期高利潤的情況；這類差異化的價格可能相當高，因此會產生較高的利潤。但如果競爭對手能輕鬆模仿這類差異化，我們就無法長期享有高利潤。如此迅速的模仿會導致商品化，最終跌回利潤較小的市價。

情況3：長期低利潤

如果差異化的結果與既有解決方案相比不顯著，就會出現長期低利潤的情況。這類差異化的價格相對較低，因此會產生較低的利潤。但如果競爭對手不容易模仿這類差異化，我們就可以較為長期地享有低利潤。因此，商品化的過程不會迅速出現，利潤僅會漸進上升，但可以持續相當長一段時間。

情況 4：長期高利潤

如果差異化的結果與既有解決方案相比明顯較強，就會出現長期高利潤的情況。這類差異化的價格可能十分高，進而產生較高的利潤。而如果競爭對手不容易模仿這類差異化，我們就可以長期享有巨大的利潤。商品化的過程不會迅速發生，利潤會大幅上升，而且長期持續下去（參照圖 9.6）。

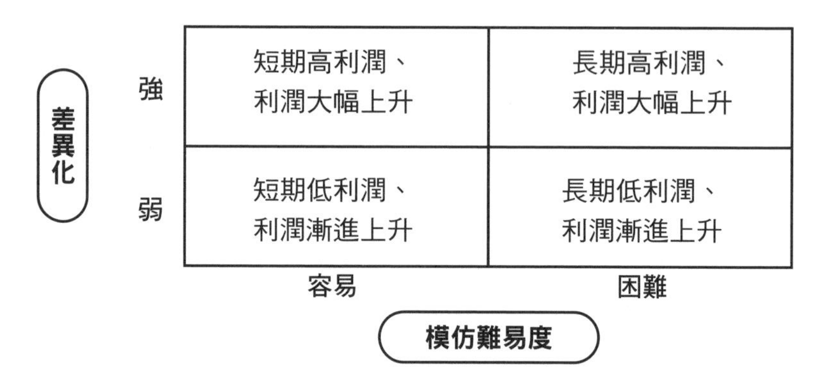

圖 9.6 利潤的漸進變化與劇烈變化

從創業角度來看，我們應該持續尋找能獲得高利潤的機會；從行銷角度來看，我們應該打造強大的差異化，提供適合顧客的解決方案。而這些解決方案最好長期下來都難以被競爭對手模仿。

創新和獲利的互惠關係

在全能屋模型中，創新和進步的要件之間有個雙向箭頭，代表彼此的互惠關係。創新能產生滿足顧客需求的解決方案，同時也可望提升企業的獲利能力。

這說明從創新連到利潤上升的箭頭。但倒過來會發生什麼事？不讓獲利增加，不去投資符合企業核心能力的創新本領。企業反而應該分配更多預算來維持或加強創新本領、追求更好的利潤。

運用 PwC（全球創新 1000）的一項研究，我們可以看到企業營收、研發支出與研發強度（圖 9.7 中的泡泡大小），即研發支出占總營收的比例。我們運用這些資料來表示企業在保持創新本領上所做出的承諾多寡。我們只從 PwC 的清單中挑選 25 家企業，這些企業也名列 Interbrand 公布的最佳全球品牌[17]。

從重新處理的資料中，可以歸納出數個值得注意的要點。我們可以把這 25 家企業分為 3 組。第 1 組是科技業，

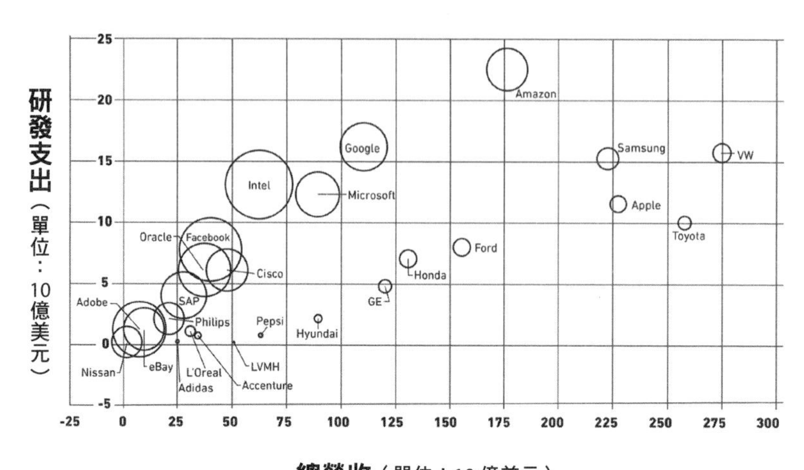

圖 9.7　營收、研發支出與研發強度 [18]

表 9.1　營收不到 2 千億美元的第 1 組（科技業）[19]

企業	研發支出（單位：10 億美元）	營收（單位：10 億美元）	研發強度（%）
Intel	13.10	62.76	20.9
Facebook	7.75	40.65	19.1
Adobe	1.22	7.30	16.8
Oracle	6.09	37.73	16.1
Google	16.23	110.86	14.6
SAP	4.02	28.17	14.3
Microsoft	12.29	89.95	13.7
eBay	1.22	9.57	12.8
Amazon	22.62	177.87	12.7
Cisco	6.06	48.01	12.6

第 2 組是汽車業，第 3 組是來自不同產業的業者，其中大多數是消費性產品業者。

在營收不到 2 千億美元的科技業組中，無論企業的總營收為何，研發強度都大約為 10 ～ 20%（參照表 9.1）。

在科技業組中，只有 Apple 的研發強度與其他科技同業相比（參照表 9.2）相對較低（5.10%）。由於 Apple 營收超過 2 千億美元，研發總額近 120 億美元，在 25 間企業中排名第 7。三星的營收也超過 2 千億美元——畢竟坐擁更廣泛的產品類別，包括手機、電視和家電——研發強度略高於蘋果（6.8%），但研發總額超過 150 億美元，排名第 4。

表 9.2 營收超過 2 千億美元的第 1 組（科技業）[20]

企業	研發支出（單位：10 億美元）	營收（單位：10 億美元）	研發強度（%）
Samsung	15.31	224.27	6.8
Apple	11.58	229.23	5.1

而汽車業組的研發強度介於 2% 到 10% 之間（參照表 9.3）。然而值得注意的是，日產（Nissan）固然展現強大的研發強度，營收卻在 25 間企業中排名墊底。即使營收最接近日產的企業 Adobe，營收也是日產的 4 倍以上。假

表 9.3　第 2 組（汽車業）[21]

企業	研發支出（單位：10 億美元）	營收（單位：10 億美元）	研發強度（%）
Nissan	0.16	1.70	9.6
VW	15.77	277.00	5.7
Honda	7.08	131.81	5.4
Ford	8.00	156.78	5.1
Toyota	10.02	259.85	3.9
Hyundai	2.12	90.22	2.3

如不計入日產，汽車業組的研發強度平均為 4.5% 左右，而營收愈高，研發支出愈高。

最後一組是由不同企業所組成，研發強度通常低於 5%（參照表 9.4）。只有 Philips 接近 10%，但需要注意的是，該企業的營收中是該組最低。

在這 3 個組別中，可以觀察到有意思的結果。一般來說（研發強度除外），我們可以看到企業的營收愈高，研發支出就愈高，這顯示營收與創新預算分配之間呈正相關。這些企業展現出致力於強化創新本領來維持競爭力。

想要進行良好的創新，企業要分配所需資源，來解決顧客問題。藉由改變商業運作方式、打造適合特定小眾市場的新產品，或解決顧客看重的具體問題，就可以提高營

表 9.4 第 3 組（其他產業）[22]

企業	研發支出（單位：10 億美元）	營收（單位：10 億美元）	研發強度（%）
Pilips	2.12	21.35	9.9
GE	4.80	121.25	4.0
L'Oreal	1.05	31.25	3.4
Accenture	0.70	34.85	2.0
Pepsi	0.74	63.53	1.2
Adidas	0.22	25.48	0.9
LVMH	0.16	51.20	0.3

收和利潤。創新和獲利之間呈正相關，也有助帶動企業成長、建立競爭優勢。

本章要點

- 確保創新是以解決方案為導向，可以分析顧客、競爭對手和企業自身。評估無論向內或向外、保守或激進的角度，都很實用。
- 想要進行創新，企業可以改變商業模式、產品或顧客體驗。
- 在創業行銷中，創新解決方案會按照三大面向進行評估：問題與解決方案相應度、產品與市場相應度、收穫與付出相應度。
- 創新可以產生 4 種類型的利潤：短期低利潤、短期高利潤、長期低利潤和長期高利潤。
- 創新與獲利屬於互惠的關係。

Chapter 10
揭開Netflix每年會員暴增千萬人的奇蹟
——源自領導力與管理的充分展現

Netflix 創辦人里德・海斯汀（Reed Hastings）當初設立的自家企業願景是既要追求財務成果，也要關懷環境議題。為了因應供應鏈的排放問題，Netflix 出資協助相關計畫來保存、重建大自然貯存二氧化碳的能力，也投資全球森林保育的相關專案[1]。

Netflix 起初提供 DVD 寄送到家的租借服務，顧客即使逾期太久也不必支付逾期金，只需要付訂閱費租借 DVD，想看的電影就會寄送到家，隨信還附上回郵信封[2]。

後來，Netflix 開始提供隨選串流媒體服務，結果大獲成功。2010 年，百視達（Blockbuster）宣告破產，Netflix 卻持續飛速發展。在疫情期間，里德趁機採取正確的行銷方法，大幅增加顧客數量[3]。2020 年，Netflix 新增了 3 千

7 百萬個會籍，2021 年則新增 1820 萬名訂戶。

從 Netflix 的研究中，我們得知領導力對於創業行銷舉足輕重。里德示範他如何監督企業的草創與持續的創新工作。Netflix 在疫情期間繼續成長、擴張，而永續投資有助於鞏固對消費者和地球環境福祉的承諾。

看完上面的案例，再回到全能屋模型，我們不難發現領導力是 CI-EL 中最右邊的要件。我們在前面的章節中討論創意與創新。也討論從專業到創業的轉變。如今，我們要來檢視最後兩個要件：領導力必須與管理兩相結合（參照圖 10.1）。

在接下來的幾節中，我們將探討領導力和創業行銷之間的關聯，並觀察領導力和管理之間的關係。最後，我們

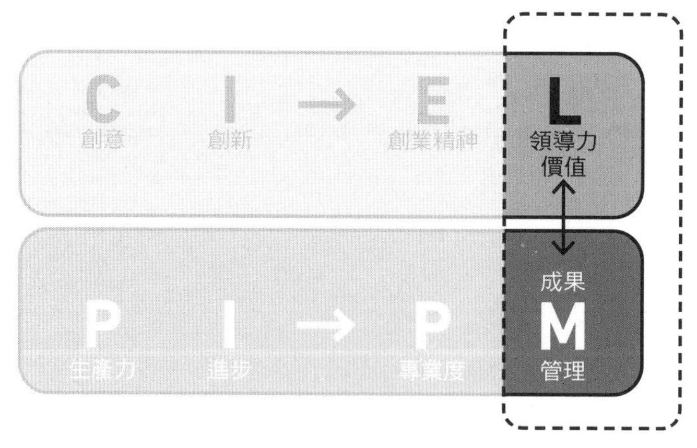

圖 10.1　全能屋模型中的領導力與管理要件

將連結到股東的價值組件，並看看如何進行衡量。

領導力與創業行銷

領導力的主題在學界已有許多研究和出版物。許多文獻已深入討論領導者類型、領導風格與優秀領導者的特色。而這些針對領導力的大量研究，以及領導者與部屬之間的互動方式，催生了數項理論和模型[4]。業界與學界都流行著對領導力的不同觀點，包括變革型領導、情境型領導與真誠型領導等等。

領導力通常攸關組織未來實現的願景或夢想，也通常攸關組織變革[5]。改變過程中可能涵蓋財務目標與其他目標。丹尼爾・高曼（Daniel Goleman）曾主張，領導者的主要任務是實現超越財務的成果[6]。

根據蓋洛普（Gallup）50 年下來的研究，優秀領導者往往具備 5 項主要功用：

- 激勵團隊達成出色的工作績效。
- 設定目標、提供資源給團隊發揮長才。
- 影響別人行動，克服困難和阻力。
- 打造既忠誠、合作無間且情誼深厚的團隊。
- 採用分析方法擬定策略和做出決策。[7]

一般往往把領導力和創業精神、領導力和行銷分而論之，因此可能很難找到討論領導與創業行銷之間關係的文獻，而在學術期刊資料庫中搜尋關鍵字「領導力」和「創業行銷」時，通常不會找到把兩者共同討論的文章。

領導力和創業精神

莉塔・岡瑟・麥奎斯（Rita Gunther McGrath）和伊恩・麥克米蘭（Ian MacMillan）於 2000 年首次提出創業型領導的概念。麥克米蘭在《創業思維》（*The Entrepreneurial Mindset*；台灣未出版）一書中寫道[8]：「世界變得愈來愈不穩定、難以預測，傳統的領導策略不再適用。」這在商業中如何發揮作用依然受到廣泛的討論。

在職涯中運用創業方法的人，往往需要具備合格的領導能力。可惜的是，這類領導能力，諸如擘劃願景、傳達願景、樹立榜樣與培養未來領導者，有時不會被當一回事[9]。根據科學研究，先天暨後天的綜合影響，對於領導力的培養能發揮重要作用。但資料顯示，環境對於領導力的發展有更大的影響[10]。

創業型領導對於企業業績可以產生正面影響。強大的領導力定義是能讓管理團隊遵循企業目標，同時增強團隊的士氣和信心，從而提高員工的參與度與投入感[11]。從這個意義上來說，強大的創業型領導是確立企業競爭優勢的關鍵因素。

創業型領導也在組織內部人力發展中發揮重要作用。從開發中國家製造業蒐集來的資料可以看出，創業型領導與員工創意呈正相關[12]。中國另一項研究發現，創業型領導有助降低員工流動率[13]。從本質上來說，領導者必須能藉由培養人員（像是教練課、師徒制、動手學與其他正式課程）來打造競爭優勢。

領導與行銷

沒有強大的領導力，行銷只會按照既有標準或程序運行，無法因應數位科技日益重要所引發的快速變化。我們不能僅僅按照「專業」來落實行銷，行銷主管對於營運業務的影響中，55% 以上是歸功於領導力，而大約 15% 是歸功於技術行銷能力的貢獻。由此可見，行銷領導力的角色極其重要，提供顧客有價值的解決方案，還能有效地使用企業資源，以確保取得最佳結果[14]。

行銷策略的落實也需要強大的領導力。一旦缺乏領導力，行銷就無法正常運作，這在 COVID-19 疫情等混沌不明的時期尤其明顯，很需要強大的領導力來引導企業內部所有潛在團隊，穩健地落實顧客為本的方法，這到頭來會決定企業的市占率[15]。藉由專注於隨時在變動的顧客，領導者會指導團隊保持適應的彈性[16]。

隨著行銷領導者的職責拓展到更多活動，執行長和財務長也會愈常邀請他們參加主管會議。近三分之一（31.5%）的資深行銷人員表示，他們幾乎必定會參加電話財報會議。更有半數以上（53.5%）表示，他們幾乎必定會參加董事會議[17]。

確定卓越的領導力是行銷成功的關鍵，尤其可以在團結、引導和激勵行銷團隊按照預定策略和戰術行動。領導力在規劃和執行行銷策略上也有重要功用，這會反映在財務與非財務結果上，例如顧客忠誠度、產品領導力和穩固的品牌權益[18]。由此可見，領導者務必要了解行銷在實現目標過程中的角色，運用行銷功能來確保成長[19]。

行銷領導者在數位時代採納資料和人工智慧時，就成為成長領導者。根據勤業眾信的一項調查，56% 的行銷人員認為資料和人工智慧有助自己推動成長計畫。相較之下，只有 18% 認為，深刻理解產品範圍有助進入下一個成長階段[20]。

領導力與管理

由於競爭日益激烈、商業環境愈發變動，因此領導力是管理的一大要件。企業不能僅僅依賴傳統的管理方法來獲得成功。管理需要合格的領導者，代表需要具備強大的領導能力。因此，企業必須投注心力，確保現在與未來的企業內部領導力都可以與時俱進[21]。

根據華倫・班尼斯（Warren Bennis）的看法，領導力是把願景轉化為現實的能力。我們應該再把願景轉化為數個具體目標。而為了實現這些目標，我們需要一項策略。接著，我們把策略細分成不同較易實施的執行計畫。根據哈佛商學院教授大衛・葛文（David Garvin）所言，正確地實施並執行策略，意謂「按照計畫或承諾的時程、預算、品質和最小變異來實踐，即使面對無法預見的事件和緊急情況亦然」[22]。

在這個全新創業行銷模型中，行銷策略和戰術指的是由定位、差異化和品牌（PDB 三角）當作錨點的九大要件，分別是區隔化、目標界定、定位、差異化、行銷組合、銷售、品牌、服務與流程，而這些又可以分為三大主要行銷管理能力：顧客管理、產品管理和品牌管理（參照圖 10.2）。只要能這樣維護企業價值，又能體現在這九大核心行銷要件，便反映了領導力的落實。

顧客、產品和品牌管理都與價值有關，預料會在短期產生現金流，必定會提升品牌或企業未來的市場價值。這是企業應該透過管理顧客、產品和品牌來實現的結果。

顧客管理是行銷策略的一部分，攸關找出目標市場、

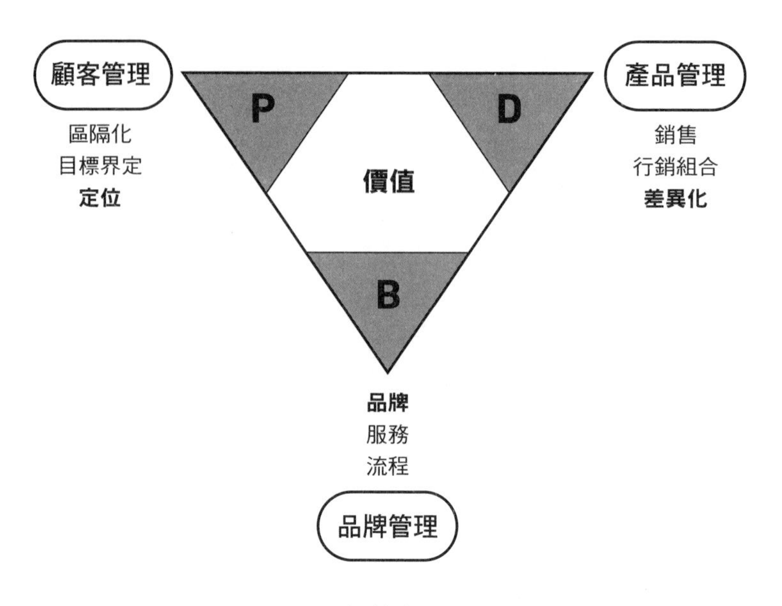

圖 10.2 價值與 PDB 三角

選擇市場、提供與定位相符的良好顧客體驗。這到頭來可以帶動顧客參與、建立認定機制、建立強大的忠誠度。KPMG 曾針對 20 多個國家共 18,520 名顧客進行調查，以了解顧客忠誠度，過程中考察品牌和零售商如何改進顧客忠誠度計畫，藉此吸引和留住顧客。根據該研究結果，56% 的消費者認為企業如何透過顧客服務來管理與顧客關係，便足以決定他們的忠誠度高低[23]。

產品管理專注於管理產品組合，從開發到商業化，為目標市場區塊提供解決方案，像是把差異化轉換成行銷綜合戰術的要件，再進行銷售行動。至於產品的重要性，根據 2018 年勤業眾信公布的度假購物習慣調查報告，大多數受訪者表示自己重視產品品質（71%）與多元（68%）[24]。

品牌管理確保透過服務和流程來強化品牌權益，以提升顧客價值。我們可以向 Apple 學習有效的品牌管理。Apple 善於重視情感面的品牌策略，進而讓顧客為之瘋狂。而 Apple Store 網絡提供的優質服務，也提升顧客對旗下產品的忠誠度。2021 年，Apple 是全球公認最有價值的品牌[25]。

領導力和市場價值

我們討論領導力這項本領時，常常看到企業高層的領導力這個質化的非技術能力。然而，高層的管理工作結果通常是量化評估。企業的利潤成長、股票價值、員工生產力等等指標，往往會成為領導者的關鍵績效指標。

一項全面的評估發現，領導力對於企業的量化財務表現有重大影響。研究把領導者分為 3 組：前 10% 表現最佳，後 10% 表現最差，介於之間的 80% 屬於第 3 組。結果，表現最差的領導者虧錢、中間的領導者賺錢，而前 10% 的領導者賺的錢是其餘 90% 的兩倍以上！[26]

在企業內部運用領導力時，必須適當地監督價值創造過程來滿足利害關係人的需求。這包括員工、顧客、社會、股東或投資人。美國運通（American Express）委託、《經濟學人》情報部門（Economist Intelligence Unit）編輯的《認清商業現實》（*Business Reality Check*）蒐集各國、國際與專業來源的市場資料，並與企業領導者的觀點進行對比。根據該研究，34% 的高層主管認為，股東為了獲得短期成果而施加壓力，是策略執行的實質障礙。此外，29% 的主管認為，向一大群利害關係人交代的壓力也是一大障礙[27]。

烏里希（Ulrich）和佛里德（Freed）說明，我們不能再單單運用財務面的傳統方法來確定企業價值，根據他們的預測，財務面僅僅涵蓋企業市場價值的 50%。投資人也會思考，企業內部重要領導因素也可能實現無形價值。因此，投資人需要在他們的決策過程中，認真思考這一項領導因素[28]。

領導力藉由穩固的企業文化來引導、動員和激勵管理團隊，從而影響企業表現。奧斯利斯（Ouslis）的研究顯示，領導力可以為企業業績貢獻高達 14%，而執行長可以為企業業績貢獻近 30%，這可能導致企業表現上的差異。基於這些領導力因素，無形價值的增加也導致帳面價值與市場價值之間的差異更加明顯，最近數十年來，這樣的落差變得更加明顯，市場價值甚至可能達到帳面價值的 6 倍[29]。

根據勤業眾信發表的一份研究報告，領導力仍然是經常遭到忽視的面向。儘管發展這樣的領導力本領可以提升股東價值、也能保證長期的永續，但認為領導力發展非常有效的高層主管比例依然很低。領導力的重要性與勤業眾信的研究結果一致，即分析師都認為資深領導團隊的效能是判斷企業成功的必要條件，而且重要性超過單看獲利預測和財務比率分析。有效的領導力會提升企業的估值，但要留意的是，效果會因為不同產業而有所差異[30]。

按照上述的說明，我們可以做出總結：領導力在執行行銷策略與戰術上無比重要，而這是透過顧客、產品和品牌管理三方的管理過程。這三大面向位於全能屋模型右側。強大的領導力可以確保 3 個面向都充分擁抱企業價值觀，像是誠實、責任感、致力追求品質、關心環境等等企業內每個人都認同的理念。

另外，強大的領導力也能引導和鼓勵管理團隊，令他們專注於包含顧客管理、產品管理和品牌管理在內的九大行銷要件。強大的領導力與良好管理流程對於這 3 個面向的支持，一定會提升企業未來的市場價值。這也符合領導力所造就且不斷提升的無形價值（參照圖 10.3）。

良好的顧客管理會提升企業的無形價值，因為這有助於強化顧客的忠誠度；產品管理也可以透過給予顧客產品內建的創新解決方案，拓展企業的無形價值；而品牌管理可以藉由提高品牌權益來加強企業的無形價值。

最終，管理必須展現實際的有形與無形成果（財務與

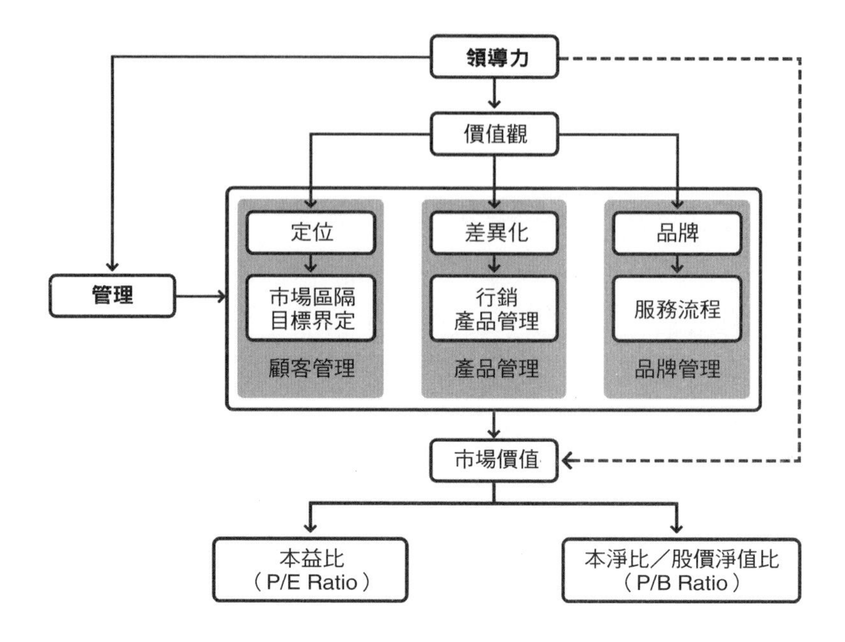

圖 10.3　領導力與管理：從價值到市場價值

非財務皆然），同時維持企業的價值觀、文化和社會影響。實際應用的範例包括獲利符合誠信原則、提升顧客數量符合道德標準、擴大市場的同時也關注環境等等。

領導力的意思是一個人可以在定位、差異化和打造品牌上展現企業價值觀，進而確保這些要件符合市場區隔與目標界定、行銷組合與銷售、服務與流程。領導力也攸關帶領、引導和激勵負責執行的管理團隊。因此，關注「人」的面向是應用領導力的一大關鍵基礎。

領導者必須確保團隊每位成員都充滿動力，動員所有心力與能力來實現預定目標。強大的領導力會打造出正向的觀感，這會提升企業在投資人眼中的市場價值。我們可以運用本益比（P/E Ratio）和本淨比（P/B Ratio）來衡量這個市場價值（參照表 10.1）。

表 10.1 本益比（P/E Ratio）與本淨比（P/B Ratio）

	本益比（P/E Ratio）[31]	本淨比／股價淨值比（P/B Ratio）[32]
定義	企業股價與每股盈餘之間的關係，計算企業股價與每股盈餘的比率。股價是基於市場價值。	企業市值（或市場價值）與其資產價值之間的關係，計算市場對一家企業價值的衡量與該企業帳面價值的比率。股價是基於市場價值。
公式	股價／每股盈餘	股價／每股淨值
用途	• 充分了解企業股價是否被高估或低估（與其盈餘相比）。 • 提供在相似產業或更大市場（如 S&P 指數）進行比較的基礎。 • 參考過去或未來盈餘，了解市場或投資人購買股票的意願。	• 提供投資人評估投資潛力的參考依據。 • 衡量企業是否被低估或高估，藉此決定是否能滿足投資人的目標。 • 反映市場對特定股價價值的感知或企業的公平市價。

藉由管理 3 個主要面向——即囊括九大核心行銷要件的顧客、產品和品牌——管理可以確保企業有扎實的基本面。這到頭來也可以提升企業的市場價值，這對於併購、

投資、甚至上市都非常重要[33]。市場價值對於股權投資人（例如私募股權、共同基金／避險基金經理、投資組合經理人與創投家）來說，也是一大重要參考指標，這些人往往會更全面地看待企業的價值[34]。

根據企業目前的市場價值或股價，投資人便能計算各種比率，當作投資決策的依據，例如本益比（P/E）。這個比率是投資人和分析師用來確定股票相對價值的常用工具。我們可以使用本益比當作判斷股票被高估或低估的工具[35]。

我們應該要注意的是，企業領導者可能是由一人以上組成。組織內每個階級都有領導者，他們專注於特定範圍的責任，必須能引導手下團隊實現自己負責的目標。

在實施更全面的企業行銷方法時，我們會面臨的難題是如何結合領導力和管理。我們不希望企業出現領導過度但管理不足的情況，許多中小型企業經常出現這個情況。同樣地，我們也希望避免管理過度但領導不足的情況，這個情況則常發生在大企業中。

近 20 年來，哈佛大學國家防備領導計畫（National Preparedness Leadership Initiative）主任艾瑞克・麥諾提（Eric J. McNulty）和萊諾・馬可斯（Leonard Marcus）一直研究與觀察公私部門執行長在高風險與高壓下的表現。他們發現，危機經常有過度管理和領導不足的情況。主管們必須在複雜又變動的危機中有效地領導和管理，管理的工作是回應當下的需求，管理者必須迅速做出決策並分配資源。然而，領導就代表要在這段時期充分引導員工朝向最佳的結果[36]。

領導力和管理之間的關係符合先前討論過的彈性與僵化概念。領導力往往要處理各式各樣、漸進或激進的變化與轉型。管理要維持穩定，監督整體系統的活動[37]。

哥倫比亞商學院教授莉塔·岡瑟·麥奎斯也支持這一觀點。她從 2 千 3 百多家美國重要企業中，挑出十家企業；這些企業在 2009 年前 10 年，淨利每年至少增加 5%。這些高效組織出奇地穩定，具備的組織特質可以長期保持穩定。這些企業也是迅速的創新者，可以快速轉型、調整資源[38]。

從以上的討論中，我們不難明白領導力無法單獨存在，而是必須與適當的管理同步，以打造一個平衡來引領組織因應日常活動、朝向未來。此外，企業行銷需要由企業領導力來強化，因為這也會拉抬企業的業績。領導和管理的妥善結合會對企業的市場價值產生正面影響，包括在投資人眼中營造正面觀感。這個市場價值可能轉化成各種形式，最明顯的大概就是本益比和本淨比等重要指標的計算。

本章要點

- 領導力通常攸關啟發他人、影響他人、擁有願景並且引導改革。
- 創業領導力可以提高企業績效、推動員工的發展。
- 強大的領導力是管理顧客、產品和品牌的必要條件。
- 管理會實現有形的結果，像是透過管理顧客、產品、品牌來提升企業市場價值。
- 投資人在評估企業時，會檢視領導力相關面向；強大的團隊有助提升市場價值。

Chapter 11

星展銀行成為亞州最佳銀行的關鍵本領

——掌握行銷動態因子，發展競爭力

新加坡星展銀行（DBS Bank）執行長高博德（Piyush Gupta）發現，只要善用數位科技，亞洲便有大幅成長的機會。他還注意到，年輕一代對於數位科技更加熟稔。此外，亞洲消費者的智慧型手機採用率領先整個產業。

星展銀行提供全方位的金融服務，包括企業金融、消費金融與財富管理，還制定全新的路線圖。星展銀行大規模投資科技，同時進行根本的改革，運用數位創新「重整」整個組織，還深入研究新興科技趨勢、顧客行為與科技基礎建設。星展銀行團隊更拜訪全球一流科技企業來獲取寶貴的洞見，並學習如何在銀行產業推動最佳實務。

根據研究結果，星展銀行的科技基礎建設團隊從原本85% 的外包，改為 85% 的內供，以提升改革效能。星展開發了一個數位商業模式，涵蓋五大關鍵本領：收購、交易、參與、生態系與資料。星展靠著這些本領，得以在不同的區塊推動事業目標。在新加坡和香港，星展迅速數位化以因應未來挑戰；在印度和印尼，星展推出創新的金融科技解決方案 Digi Bank 這個行動銀行，成為全新參與者。

而星展轉型策略的另一部分，就是制定行銷傳播計畫，把「創造愉悅的銀行體驗」（Make Banking Joyful）和「生活隨興，星展隨行」（Live More, Bank Less）當成全新使命，把簡單又輕鬆的銀行體驗整合到行銷策略之中。這波宣傳融入多個因素。星展銀行打算以隱形般的銀行服務，讓顧客無憂無慮地生活，把銀行體驗融入消費歷程中，打造永遠在顧客身邊的銀行[1]。

星展銀行藉由投資「星展汽車市集」（DBS Car Marketplace）這個新加坡最大汽車直接買賣市場，強化數位通路。星展還創辦「星展房地產市集」（DBS Property Marketplace），媒合屋主和購屋族。星展銀行也投資旋轉拍賣（Carousell）這個新品或二手物交易平台，並與旋轉拍賣合作於其平台上提供金融產品和支付服務[2]。

結果，新加坡 Seedly 投資分析師發現，2020 年星展銀行股價上漲約 23%，而新加坡海峽時報指數（Straits Times Index, STI）卻下跌約 2%（STI 指數由新加坡交易所市值前三十大上市企業組成）[3]。星展銀行也獲頒「最佳創新數位銀行」（2021）和「全球最佳銀行」（2020）等獎項[4]。

從星展銀行的例子中，我們明白，不斷去了解良好的商業環境、確定策略選項、備妥可落實的行銷策略和戰術直到執行，就可以影響企業競爭力。我們可以按照多項財務和非財務指標，兼顧客觀與主觀來衡量競爭力。

在前面的章節中，我們看到全能屋模型中垂直和對角的相互關係。現在，我們會橫向地檢視這些關係。我們會討論創業行銷策略，包括三大部分：策略本身的準備、執行策略所需的各種本領，以及長期提高市場價值的企業財務管理。

為此，我們會檢視全能屋模型中的兩個屋頂，這基本上說明在商業環境中，動態是發展行銷體系的基本基礎。我們可以藉由發展行銷體系來厚植競爭力，這個架構由九大核心行銷要件（9E）組成，而定位、差異化和品牌（PDB）則是這些要件的三角錨點（參照圖 11.1）。

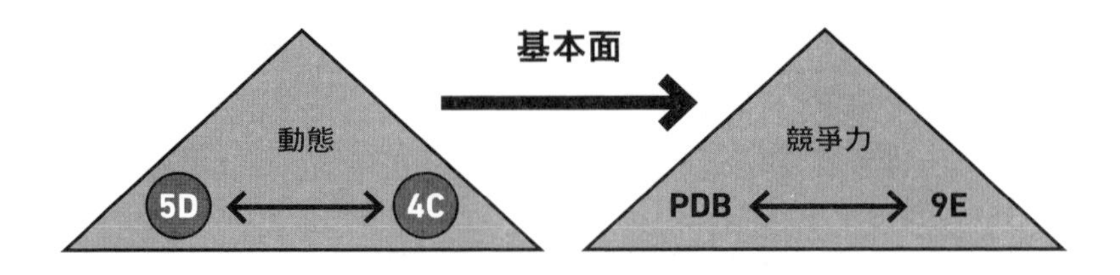

圖 11.1　全能屋模型中的動態與競爭力要件

從展望到選擇

其中「動態」由五大驅動因子（5D）組成，而正如第 3 章所說明，分別是科技、政治／法律、經濟、社會／文化與市場，彼此交互影響。我們把這五大驅動因子統稱為改變。與其他 3 個要件（即競爭對手、顧客和企業）都是 4C 的一環（參照圖 11.2）。

我們在分析 5D 要件時，必須看到哪些要件的出現機率較高又具高度重要性（或相關性）。這也包括檢視五大驅動因子的影響迫切與否。我們需要了解這些因子的影響是即將到來或逐漸出現，以及對於自家企業的直接影響大小。

改變、競爭對手和顧客等外部要件，是進一步發現威脅與機會的必要條件。然而，我們必須看到企業內部的優勢與劣勢。

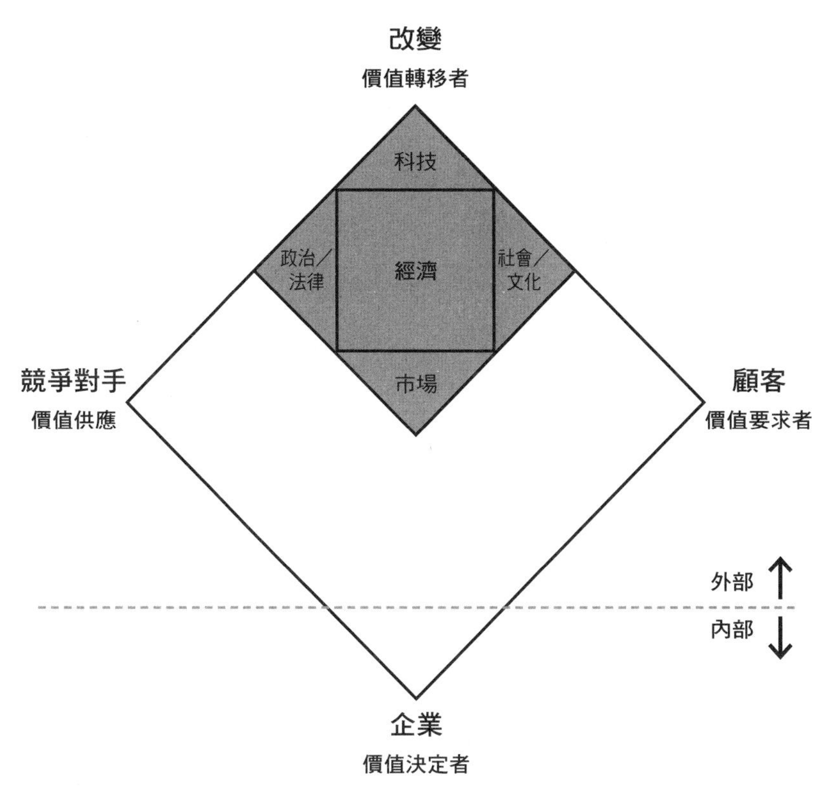

圖 11.2　4C 模型的外部與內部

科技

我們必須看到科技日新月異、數位發展與線上活動帶來的許多變因。如前所述，科技進步是數一數二強大的驅動因子，迅速影響近來商業環境的變化。以下是 2030 年前，預料將成為主流的十大新興科技：

- 先進機器人科技
- 感測器和物聯網（IoT）
- 3D 列印
- 實驗室培養的植物乳製品
- 自動駕駛汽車
- Web 3.0（運用區塊鏈科技的全球網際網路）
- 延展實境（虛擬實境、擴增實境、混合實境和元宇宙）
- 超級電腦
- 先進無人機科技
- 綠色／環保科技

政治／法律

2015 年，聯合國邀請所有國家元首、政府高層代表前來紐約，展現對永續發展目標（SDGs）的支持。這些目標是為了世世代代實現更美好、永續未來的設計藍圖。未來，政治或法律圈會建立並遵循永續指南來支持 SDGs，例如許多銀行已開始按照環境、社會和治理（ESG）評等發放貸款。政府也提供獎勵措施，給予使用可再生或綠色能源的企業[5]。

經濟

共享經濟（例如內容創作者、共乘制度與網路商店銷售）、遠距工作機會與自由工作市場的興起，讓部分專業人士得以脫離朝九晚五的職場環境，更加偏好零工經濟（gig economy）所帶來的彈性。英國政府把零工經濟定義為「個人或企業之間藉由數位管道進行活動與金錢交流，積極促進供應商與顧客彼此媒合，通常是短期與論件計酬的形式」[6]。

零工經濟改變正職員工形成的傳統經濟，即過去專注於個人職涯發展的員工，成為以約聘為主的工作者。2017年，美國勞動人口約有 5 千 5 百萬人參與零工經濟，占整體勞動人口 36%[7]。到了 2030 年，美國零工經濟料將占整體勞動人口 50%[8]。

近來，我們已注意到循環經濟的興起，該經濟應用了三大原則：消除浪費與汙染，循環產品與材料（最佳價值）、自然再生。這項方法無疑會對企業、民眾和環境產生正面影響，還可以解決生物多樣性、廢棄物、氣候變遷以及汙染相關的全球難題[9]。

循環經濟會鼓勵企業改變商業模式，善盡社會責任，以打造更美好的未來[10]。根據埃森哲（Accenture）估計，到了 2030 年，循環經濟可望額外帶來 4.5 兆美元的經濟產值。國際勞工組織（Internatonal Labor Organization）也預計，該年會多出 1 千 8 百萬個新工作[11]。

社會／文化

社群媒體平台上的活動，例如 Instagram 和 TikTok，持續吸引愈來愈多使用者。元宇宙的虛擬實境是社群網絡演進的下一步，料將改變人與人的互動方式。這些趨勢開創許多可能性，讓我們能探索一個全新文化[12]。

另一項社會和文化上的改變是植物性飲食。根據牛津大學與倫敦衛生暨熱帶醫學院（London School of Hygiene & Tropical Medicine）的研究報告，經過分析國家飲食暨營養調查（National Diet and Nutrition Survey）2008 年至 2019 年的資料、總共超過 1.5 萬多名受訪者的答案後發現，採取植物性飲食，例如植物奶（燕麥奶、豆奶或椰奶）、素香腸和植物肉漢堡的消費人數，從 2008 年至 2011 年的 6.7%，成長到 2017 年至 2019 年的 13.1%[13]。

市場

在第 4 次工業革命中，市場機制受制於科技、全球連網與遠大的全球目標，例如 2030 年前的永續發展目標。部分產業已受到顛覆，也藉由接納科技、支持 SDGs 以提升適應力，開始擬定數位轉型路線圖[14]。以下舉例：

- 汽車產業已開發出自駕電動車，實現 SDG 第 7 個目標：平價的乾淨能源。

- 醫療產業建立遠距醫療技術，實現 SDG 第 3 個目標：確保健康、促進福祉，並觸及更多民眾。
- 零售和時尚產業開始發展可再生或永續材料，運用回收物來實現 SDG 第 12 個目標：負責任的消費與生產[15]。

這五大驅動因子的變化統稱為「改變」，可能會導致我們的價值主張忽然過時。因此，我們經常把改變稱作產品的價值轉移者，甚至可能貶低企業的價值。

競爭對手

平均來說，企業的行銷費用占營收的 7 ～ 12%。部分業者的行銷費用更高，像是三星（Samsung）、索尼（Sony）和 Apple 等電子業龍頭；部分企業則分配較低的預算，像是創立於 2010 年 4 月的中國企業小米。草創時期，小米透過線上通路販售產品來降低成本[16]。小米的成本領導模式（cost leadership model）可以打造具備高品質規格的平價產品，深受顧客喜愛。2022 年，小米是全球智慧型手機三大龍頭之一，超越索尼、LG 和諾基亞（Nokia）[17]。

此外，我們還必須了解競爭對手具有的優勢來源，包括對手的資源與利用這些資源的本事如何。我們需要關注對手具備的動態本領（dynamic capabilities），這是建立強大企業敏捷度的基礎。資源和本領愈獨特，競爭對手形成獨特核心能力的機率就愈大。

小米在電子產業運用非常獨特的行銷策略：打造「米粉」這個獨特資源，即遍及全球社群媒體的數百萬粉絲群。小米邀請部分粉絲觀看新產品發表會。這項策略讓小米具備動態本領，得以仰賴米粉的宣傳來提升銷售額，同時得到顧客回饋來發現問題與獨特構想，藉此降低研發成本[18]。

產業參與者的數量也會決定競爭的激烈程度，這也取決於競爭對手擬定、有效執行創意策略的程度。競爭對手按照外在變化提供多元價值來滿足顧客需求。因此，我們可以把競爭對手稱作價值供應商。如果他們提供的建議在市場上價值更高，我們的顧客就很可能會投向競爭對手的懷抱。

小米在智慧型手機市場大獲成功後，Oppo、Vivo 和 Realme 等競爭對手加入競爭，提倡類似的價值主張、推出高品質規格的平價產品。Oppo 和 Vivo 使用廣告和品牌大使的策略[19]，大肆宣傳「最強拍照手機」的特色，以搶占小米的市占率。最終，小米沒有加入相機的混戰，而是專注於建立小米物聯平台（MiOT）來做出差異化。

顧客

我們必須持續留意顧客的動向，無論是新顧客或多年忠實顧客都要重視。我們需要密切關注顧客是否轉向競爭同業，也必須衡量現有顧客的滿意度和忠誠度。

Z 世代（iGen）是指 1997 年至 2012 年之間出生的人。這些人的成長環境脫離不了網路、社群媒體和智慧型手機。他們往往理財務實、規避風險。而與 Y 世代一樣的是，Z 世代關心社會理念、企業責任與環保議題。此外，Z 世代具有不同於其他世代的價值觀，即 YOLO、FOMO 和 JOMO[20]：

- **活在當下（YOLO）**：「當下」是他們唯一能充分把握的時刻。Z 世代會投資、追求自己喜愛的事物，例如學習新語言，或自助旅行玩遍歐洲或非洲。這個世代可能會說：「人生短暫，現在就買這個包包吧！」
- **社群焦慮（FOMO）**：這是指害怕或後悔沒有參與其他人的活動或體驗。Z 世代會購買自己朋友或圈內人擁有的事物、在知名景點拍照展現社群參與感，或辭掉目前的工作追求夢想。
- **社群斷捨離（JOMO）**：Z 世代在經歷 FOMO 和 YOLO 後，如今發覺真正的答案是 JOMO。他們對於部分活動執行斷捨離，尤其是與社群媒體或娛樂有關的活動。他們也不愛比較或競爭，相信快樂來自生活和工作。

我們必須了解 Z 世代對我們的看法。他們是否認同我們的價值主張？是否願意全心投入與我們的各種溝通？他們通常會提出什麼問題，是否會表示疑慮？

在這個數位時代，我們必須了解全新的顧客消費歷程。一開始，顧客可能會觀看電視廣告或社群媒體廣告（「認知」階段）。優質的廣告會吸引顧客的注意，讓他們去探索網站更多資訊（「訴求」階段）。此外，顧客可以詢問朋友的經驗或聯絡銷售業務（「詢問」階段）。如果產品被認定具有很高的價值，他們就可以前來實體店面消費或直接在電商結帳（「行動」階段）。最後，顧客可以評估產品的品質並透過社群媒體或圈子分享經驗（「宣傳」階段）[21]。

企業必須隨時隨地滿足顧客的需求，像是更優質的服務、個人化、速度與簡化消費流程等等。71％的消費者會在線上購物、貨比三家來找到最實惠的價格，77％的數位消費者期盼在數位消費中獲得個人化體驗。因此，企業不能再仰賴產品為本的策略，而應該成為顧客為本的組織[22]。

企業

每家企業都有內部的挑戰與優勢。一般來說，這些因素會與外部因素一起進行分析，而後做出策略上的選擇。我們通常所知的內部與外部分析是 TOWS 分析[23]（一般稱為 SWOT 分析——優勢、劣勢、機會和威脅——但我們在此稱作 TOWS，凸顯分析本質更加外部導向，而不是內部導向）。

關於這點，我們必須進一步探討企業的三大因素：

- **既有的核心能力**：我們現在擁有什麼核心能力、資源和本領可以形塑這些能力？我們必須看看這些核心能力是否長期下來仍與時俱進。我們也必須確定這些核心能力是否真的獨特。獨特核心能力的定義如下：組織具備一套別開生面的特色，得以進軍所需市場，並且取得競爭的優勢地位。企業可以透過以下數項方式，發展獨特的核心能力[24]：

  —生產具有特定專業的高品質產品。

  —聘請能力精熟的專家。

  —發掘尚未開發的小眾市場。

  —透過純粹的管理力量來創新或獲得競爭優勢。

  —擅長科技、研發或擁有更快的產品生命周期。

  —具有低成本生產或出色的顧客服務。

- **延伸可能性**：我們可以使用核心能力的程度，是否超越至今所運用的部分？我們必須探索各種選項，善用我們已具備的核心能力，讓價值創造加乘，而這不僅僅局限於實現規模經濟，還可以提升範疇經濟。
- **風險態度**：我們在決策過程中的觀點是什麼？我們可能會高估現有的不同風險，最終成為避險者。我們也可能會承擔風險，前提是要先計算過這些風險。這項策略就是要勇於承擔風險，但這不同於主動尋求大小風險的人，他們完全不需要計算風險。

我們進行 4C 分析之後，必須確定現在與未來的主要議題。這些議題取決於 TOWS 分析的通盤檢視（參照圖 11.3）。我們不必被迫逐一解決 TOWS 分析所看到的每個問題。在確定主要議題之後，必須分析自家企業受到影響的多寡。根據我們看見的不同意涵，就可以確定是否要繼續前進。

我們可以有數項策略選擇，也就是策略意圖：投入各種資源和努力來提高競爭力、抑制或保留、收割、撤資與收回、或退出競爭[25]。而選擇取決於可用的資源，以及我們有多大的本領把資源轉化為核心能力來形成競爭優勢。我們可以使用 VRIO 分析方法（VRIO 代表價值、稀有、難以模仿和組織支持）[26] 進一步分析我們的資源和本領。滿足 VRIO 標準的資源愈少，所能形成的競爭優勢就越弱。如果我們能滿足部分 VRIO 標準，就可以打造暫時的競爭優勢；如果我們能完全滿足 VRIO 標準，就有很高的機率

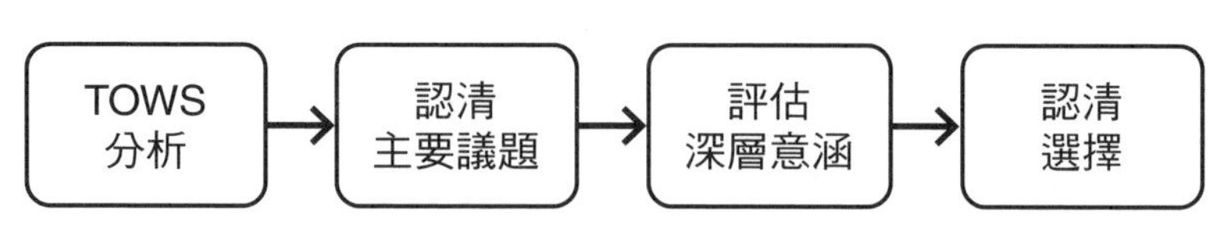

圖 11.3　從 TOWS 分析到選擇

能打造永續的競爭優勢[27]。

舉例來說，IKEA 提供的模組化系統家具價格親民，可以更快速地組裝、也更容易保養，產品壽命也比競爭對手更長。顧客可以透過這個概念替換或添加零件，而不必購買全新的家具。如果我們使用 VRIO 架構來分析 IKEA（參照圖 11.4），就會發現這類模組化設計有助於 IKEA 建立競爭力[28]。

根據上述分析，我們便能發現 IKEA 完全符合 VRIO 四大標準，因此有很大的機會維持競爭優勢。IKEA 可以放心追求未來的願景與使命。

然而，如果我們決定要投資，而想達成的目標與選擇之間有落差，那我們就一定要弭平落差，而方法可能是在

價值	IKEA 提供的平價家具材料，均經過模組設計技術強化。
稀有	競爭對手打造整個家具，但 IKEA 推出模組化設計，供顧客自行更換家具零件。
無法模仿	競爭對手也可以推出模組化設計，但這些零件與 IKEA 的產品規格不符。競爭對手無法模仿，因為 IKEA 擁有設計的法律專利。因此，顧客必須向 IKEA 購買更換用的零件或其他零件，這就是顧客認定機制發揮作用。
組織	許多經驗豐富的產品設計師支持 IKEA。

圖 11.4　IKEA 的簡單 VRIO 分析

商業生態系中多方合作。假如必要，我們甚至可以與直接競爭對手進行「競合」（coopetition）。

把選擇轉化為行銷體系

一旦做出投資的選擇，就需要建立行銷體系，接下來我們會逐一說明各個部分：策略、戰術與價值（參照圖 11.5）。

行銷策略

在主流行銷方法中， 行銷策略包括市場區隔、目標界定和定位（STP）。我們之所以稱作策略，是因為在成功勾勒出數個市場區塊後，下個步驟就是決定我們要服務哪些區塊（市場區隔和目標界定的過程尤其如此）。

在發展這個行銷概念時，出現了數次轉變；其中一項方法稱作新潮行銷（new wave marketing），而這攸關市場區隔、目標界定和定位[29]。

- **從市場區隔轉向社群化**

我們不能再以靜態方式進行市場區隔，即不能把顧客視為單獨個體，因為顧客是具社會性的生物。我們對於運用地理、人口統計、心理和行為變數進行區隔並不陌生，但現在我們必須在過程中納入顧客的目的、價值和身分

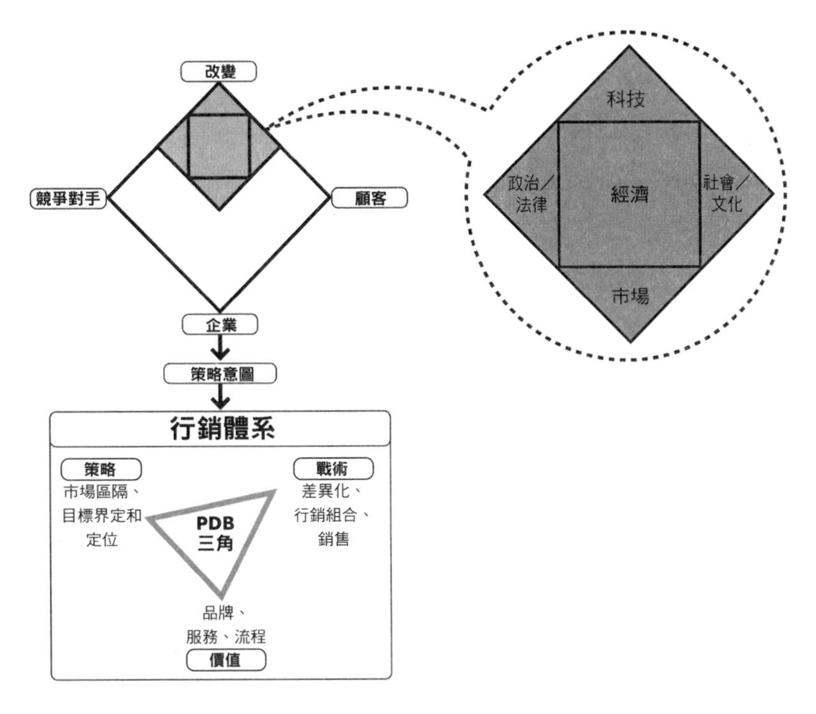

圖 11.5 從展望到行銷體系

（PVI）來強化市場區隔。

我們不能僅從縱向的角度看待企業和顧客之間的關係，即把顧客當作被動的目標區塊。我們應該從橫向的角度思考，把顧客當成積極參與社群一分子。此外，我們必須按共通點進一步強化顧客的分類，評估社群潛在的凝聚力與影響力。

- **從目標界定轉向確認**

目標界定最初考量的是，企業如何把資源投入數個市場區塊，評估市場區塊的規模、成長率、競爭優勢和競爭情況。除此之外，我們還需要進一步確認，方法是參考三個標準：相關度、活動量高低和社群網絡總數（NCN）。

相關度指的是社群與我們品牌之間的 PVI 相似程度。此外，我們必須關注社群成員在不同活動中，參與彼此互動的積極度，而這不只是光看名單而已。我們還必須追蹤 NCN，即社群網絡覆蓋範圍。這不僅限於本身的社群網絡，還包括跨越不同社群的各方。

- **從產品定位轉向顧客管理**

隨著顧客議價能力的提升，企業說了算的定位方式逐漸失效。一般來說，我們會制定包括幾個要件的定位說明：目標市場、品牌、參考框架、差異點與值得相信的理由。定位說明往往是擬定商業標語（tagline）的基礎。然而，這類強調定位的方法已不夠用，我們需要全新的方法向顧客釐清定位，以避免狂開支票卻兌現不足的現象。

我們正在從企業導向的內容，改採顧客導向的內容。定位原本是傳達單一理念，現在已涵蓋多重面向的資訊。此外，我們必須進行多向溝通，而非單向告知。

這個行銷策略是實施顧客管理的基礎，即必須重視有關顧客的四大要點[30]：

- **獲得顧客**：積極尋找潛在顧客，讓他們成為真正的顧客。
- **留住顧客**：藉由顧客忠誠計畫或打造可靠的認定機制來建立顧客忠誠度。
- **加值顧客**：透過交叉銷售和追加銷售來加值，讓我們不僅追求規模經濟，還能實現範疇經濟。
- **贏回顧客**：重新找回已轉向競爭對手、貢獻良多的高價值顧客。

行銷戰術

在經典的行銷概念中，戰術包括三大要件：差異化、行銷組合與銷售。這三大要件把 STP 轉化為具體形式。我們需要根據定位來界定差異化，再把差異化轉換為由產品、價格、通路、促銷所建構而成的行銷組合。接著，我們必須把提供給市場的產品服務轉化為銷售業績，這正是我們企業銷售計畫的一環。

與 STP 相似的是，這三大戰術要件也隨著當今愈加複雜的顧客而產生變化。

- **從差異化轉向制度化**

目前為止，藉由內容差異化（提供的內容）、情境差異化（提供的方式）和其他驅動因子（例如科技、設施和人員）打造出的差異化已不足夠，而且僅是從行銷人員的角度來看，純粹是行銷部門的工作通常不涉及組織文化，而文化可能成為品牌的 DNA。

因此，行銷團隊必須能將企業的 DNA 制度化，以做為品牌的 DNA。品牌 DNA 攸關象徵、風格、體制與領導力、共享價值和內涵，所有員工都必須理解、內化並且在深思熟慮下應用。

- **從傳統行銷組合轉向新潮行銷組合**

傳統的行銷組合要件也發生轉變：從產品轉向共同創造、從固定價格轉向浮動定價、從一般通路轉向共享經濟、從促銷轉向對話。

在新產品開發階段，企業通常會受限於企業為本的方法。從最初的創意發想到推出產品，企業的角色占了主導地位。顧客往往位居被動，只能對產品發表意見。現今，企業必須提供機會，讓顧客參與產品的開發，顧客可以共同創造。

所謂通路——配銷或行銷管道的一環——通常是一個實體平台，讓民眾可以購買商品和支援服務。如今有了線上配銷的替代方案，僅用於購買商品或服務的實體平台就不再有吸引力。因此，我們必須把這個要件轉變為現實中的平台，提供不同社群見面機會交流構想或經驗。實體空間對於鞏固社群關係極為重要，這類共享經濟的成功取決於企業能有效結合線上與線下的策略。

- **從銷售轉向商品化**

傳統的銷售方法仍然有必要，但想完成商品化，現在必須透過社群網絡最佳化，才能開發新顧客、留存現有顧客。線上和線下策略的結合，有益於銷售人員建立強大的網絡。而愈來愈多顧客使用社群媒體，讓他們更願意聽取他人意見並納入決策過程。商品化的意涵是，我們可以兼顧效能與效率，運用這些社群網絡來支援銷售流程。

行銷價值

最後一組行銷價值包括品牌、服務和流程。品牌是價值的指標，需要服務來提升價值、需要流程來啟動價值。

在行銷價值的部分，也有一些值得注意的轉變：

- **從品牌轉向認同**

品牌做為一種認同，需要與顧客建立關係，必須提供功能面與情感面的好處。然而，要讓品牌建立顧客信任感則愈來愈困難，因為企業要我們採用的方式是強調「品牌即人」（brand-as-identity）的認同感[31]。

- **從服務轉向關懷**

儘管科技迅速發展，我們仍可以看到弔詭的現象：顧客愈來愈重視人文素養。這就是為何人與人的互動，仍然比機器與人的互動更加重要，因為後者是以科技為基礎，而且往往單一機械化。因此，我們不能以機械化的反應方式來服務顧客，一定要展現主動的態度和人文素養，才能代表我們在乎。顧客服務的時代早已結束，被顧客關懷所取代。

- **從流程轉向合作**

企業中，流程是價值創造的重要部分，始於原物料採購，終於把產品交付顧客。企業必須管理價值鏈中的不同流程，確保一切運作符合效能和效率。為此，通常會有三項指標當作衡量基準：品質、成本和交期。

這個行銷價值強調「品牌即人」策略的日益重要。因此，企業必須擁有高效的品牌管理本領。

「定位－差異化－品牌」三角

整合九個行銷核心要件的是三大要件，即定位、差異和品牌，稱作 PDB 三角（參照圖 11.6）。定位是個承諾，攸關品牌傳遞給顧客的價值，也是行銷策略的核心。差異化是企業為了理解產品和服務所做的努力，才能維持顧客滿意度和忠誠度相關。差異化是行銷戰術的核心，品牌則是行銷價值的核心。

品牌做為一種認同，必須有明確的定位。定位是對顧客的承諾，必須以強大的差異化來形塑品牌誠信。如果我們始終能保持差異化，就可打造出堅實的品牌形象。

回來談亞洲星展銀行的例子，我們可以看到執行長高

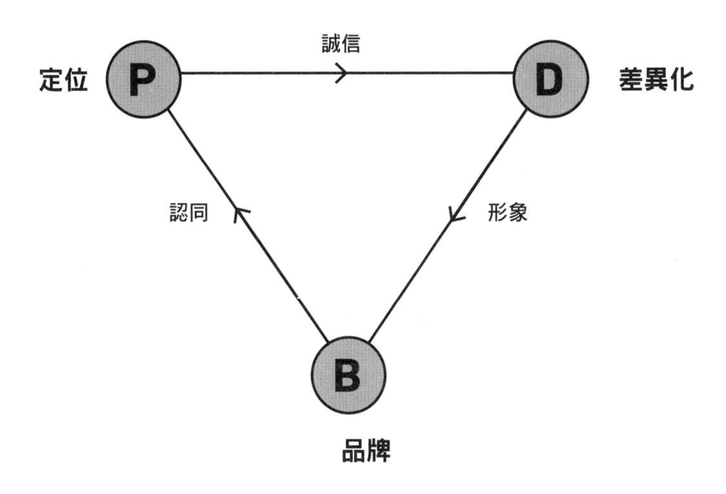

圖 11.6　PDB 三角

博德分析總體經濟，並運用數位科技和年輕世代的潛力來發現機會。他界定 3 個市場區塊，每個區塊都有不同的行銷目標。開發中國家（例如印尼和印度）吸引潛在使用者採用 DigiBank。其餘市場區塊則藉由在營運中落實科技來降低成本。新加坡和香港的市場焦點是自我顛覆，以防守競爭對手的舉措。

星展銀行以簡易又輕鬆的銀行體驗，打造明確的定位。科技是差異化的核心，從旁協助這個定位，落實品牌承諾的誠信。星展銀行藉由行銷溝通建立正面品牌形象，並確保履行品牌承諾。星展銀行的 PDB 三角所有要件都需要保持一致、相輔相成。

行文至此，我們可以觀察到，策略的準備必須前後一致，涵蓋所有面向，以利用現有機會、打造競爭優勢。一旦我們了解當前商業環境，就可以選擇是否要進入由策略、戰術和價值所組成的行銷體系。最後，PDB 三角是 9 個核心行銷要件的錨點。我們必須確保 PDB 每個要件都相輔相成、始終一致，這樣品牌才會建立穩固的認同、誠信和形象。

本章要點

- 分析 5D 要件（科技、政治／法律、經濟、社會／文化和市場）讓我們能看到哪些要件最可能發生、最具當下的意義。
- 檢視改變、競爭對手、顧客和企業本身，讓我們能看到優勢與劣勢、威脅與機會。
- 行銷策略的發展方向正在從市場區隔轉向社群化、從目標界定轉向目標確認、從產品定位轉向釐清。
- 行銷戰術的變化包括從差異化轉向制度化、從傳統行銷組合轉向新潮行銷組合、從銷售轉向商品化。
- 行銷價值出現幾項值得注意的變化：從品牌轉向認同、從服務轉向關懷、從流程轉向合作。

Chapter 12

撼動電商市場的王者 App 蝦皮

——打造、整合全方位本領

蝦皮購物（Shopee）這個線上市集總部位於新加坡，成立於 2015 年，由一群年輕團隊所創辦。到了 2019 年，該企業已成長到 7 百名員工，更把事業拓展到越南和印尼等地。這般大規模的擴張讓蝦皮得以吸引管理、營運和創意人才。

蝦皮在人才招募上面臨數項挑戰，像是需要好好說明企業文化，說服年輕新血一起打造身處變動商業環境的企業，同時吸引高階人才建立專業的組織形象。

為了因應這些挑戰，蝦皮設立幾個途徑。首先，蝦皮在線上傳達自家願景、使命和目標。其次，蝦皮為新進員工舉辦定期的入職會議，協助他們適應快節奏的工作環境。第三，蝦皮在 LinkedIn 上建立「蝦皮工作實況」頁面，公開日常活動，分享對商業行動的觀點（例如「99 購物節對蝦皮的重要性」）。

現今，一旦人才市場了解蝦皮這家企業，就可以搜尋現有職缺。蝦皮也公布詳細的職缺內容，例如人才主管、法務、財務、創意設計、產品經理和雇主品牌助理等。目前為止，蝦皮在全球擁有 37,774 名團隊成員，電商 App 目前可供 13 個國家下載，包括墨西哥和智利[1]。

蝦皮的例子顯示，企業不能再單靠一兩項本領，而是必須建立數項本領，同時利用這些能力來快速進軍市場。整合、平衡與利用這些本領，符合建立全方位能力的理念。這不僅是我們所使用模型的名稱外，還意味著組織必須擁有所有必要能力，並且可以在價值創造過程中加以使用，以形成強大的競爭力。因此，我們需要廣納具備這些能力的人、好好加以培育，把他們留在組織中。

在接下來針對全能屋模型的討論中，我們會橫向檢視 CI-EL 和 PI-PM 的要件（參照圖 12.1），也會探討執行該策略所需的全方位本領。

準備與執行

全能屋模型的左側是「準備」部分（包括 CI 和 PI 要件），右側是「執行」部分（包括 EL 和 PM 要件）（參照圖 12.2）。

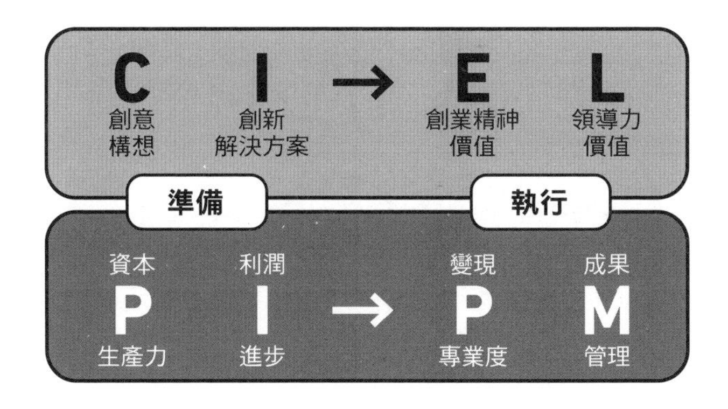

圖 12.1　CI-EL 和 PI-PM 要件的橫向關係

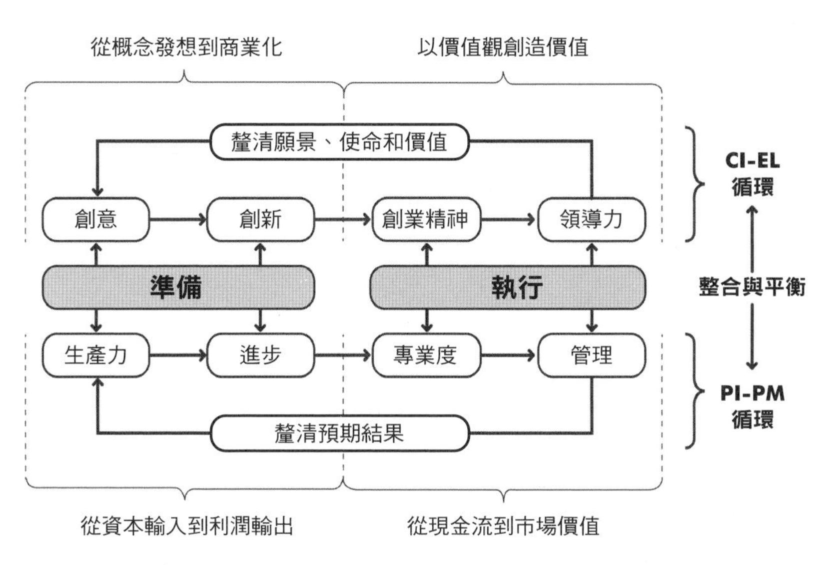

圖 12.2　準備與執行的框架

在圖 12.3 中，可以看到我們在「準備」部分必須執行的任務。

創意	掌握所有情勢發展，了解激發創意的驅動因子。再依據企業應該解決的顧客問題，準備技術上可行的創意構想，同時也考量企業的策略意圖。	從概念發想到商業化
創新	了解改變、競爭對手、顧客和企業等四大要件；準備能在市場勝出的各項具體產品，搭配顧客認為能解決問題、又為企業創造價值的支援服務。	
生產力	準備充足相關資本（載明於企業資產負債表）以支持創意發想過程。另外，企業必須準備不同方法來計算資本的生產力。	從資本輸入到利潤輸出
進步	準備不同流程來偵測、辨識和改善多項會降低利潤的營運模式，才能持續進步。追蹤企業損益表中利潤增加的狀況。	

圖 12.3　準備部分的摘要

在圖 12.4 中，可以看到我們在「執行」部分必須執行的任務。

一家想要成功的企業必須確定營運、管理或策略職位所需的本領。之後，該企業應該聘請具有不同本領和核心能力的人才加入，並推動整合的價值創造過程，以獲得最大的成果。

創業精神	企業應該把創業方法應用於不同業務流程，整合三大創業角色（機會尋求者、風險承擔者、人脈合作者）與定位、差異化和品牌，以打造最大價值。	用價值觀創造價值
領導力	培養並鼓勵組織各層級的每個人展現強大領導力，遵守企業價值觀，並在 9 個核心行銷要件中展現出來。	
專業度	企業應該確保在不同價值創造流程中，每個人都秉持高專業度，履行各自的營利責任， 這可能會為現在與未來創造大量現金流。	從現金流到市場價值
管理	發展並落實整合與一致的管理模式，包括顧客、產品和品牌管理，以提高企業的市場價值。管理制度應該避免不同的壁壘效應，才不會引發意外的慣性或阻力。	

圖 12.4 執行部分的摘要

培養全方位人才

在平價科技的運用和資訊的傳播下，民眾獲得自主工作和思考的能力。然而，我們必須記得的是，科技和資訊帶來的好處即使對於企業內部員工極為方便，卻不足以確保長期競爭力。民眾正是現在和未來打造變革的潛在源頭——無論以個人身分或是組織的一部分——這都會使競爭更加激烈。

目前，我們在職場中正面臨各種科技組合的工業革命，這迫使企業重新打造自己做生意的方式[2]。所有企業會為其員工提供各式各樣的科技和資訊。科技和資訊最終會成為企業價值創造過程中，橫跨不同組織的標準要件或常見因素。重點就是，科技和資訊只是必要條件，但不足以鞏固長期競爭力。

競爭型企業和非競爭型企業之間的關鍵差異，在於企業招聘、培育和留住人才的方式。在當前第 4 次工業革命時代，企業資深主管和領導者應該要了解，科技進步帶動環境不斷變化，讓營運團隊面臨種種挑戰[3]。企業目前格外需要的人才，都必須懂得利用不同科技、有能力分析資訊、善於轉譯資訊，以作為決策過程的重要基礎。這個情況會迫使企業放棄傳統的人才任用策略，轉向更為繁複的方法，專注於延攬、培養才華洋溢的員工。

培養創意本領

我們所謂的創意人才需要具備什麼性格，才能參與業務流程呢？以下是值得思考的特質[4]：

強烈的好奇心：渴望好好認識一切事物、懂得質疑一切事物、努力深入了解問題、不滿足於已知。好奇心是人類知識的灰色地帶，是主動去學習我們專業領域以外的知識[5]。

開闊的心胸：能迅速理解原因、準備好提出論點、敢於檢驗多元觀點、嘗試所有可能、分享過程中的調整、也準備好面對失敗，卻又立刻尋找替代方案。這個特質也涵蓋了彈性、客觀和合作。

合作的開心果：善於溝通、運用容易理解的語言、能清晰表達想法、把他人視為平等的合作夥伴。喜歡耍寶、充滿活力又熱情。

突破思考框架：運用高度的智慧和強烈的直覺，來讀懂複雜的模式、具有強大的想像力、專注於主要目標，卻又懂得考量現實。時時刻刻都會產生新構想，因為他們既能進行擴散式思考、也能進行聚斂式思考，以獲得最終的構想[6]。

勇於接受挑戰：遇到挑戰就動力十足的人，較願意學習新事物、迅速回應難題、鼓勵自己不輕言放棄，同時還能激勵他人[7]。

為了廣納創意人才，企業必須採取以下措施[8]：

消除壁壘：壁壘現象會阻礙人才與人連結、導致合作缺乏生產力[9]。企業必須能在內部建立多元氛圍。組織需要保持百分百靈活，才能讓多個管道彼此開放溝通。溝通也應該是橫向進行，不受制於組織結構中的職位層級。

給予自主權：企業可以提供清楚的方針，但不限制創意種子生長所需的自由。給予組織中的人才自主權，形成永續的信任來源[10]。

容許失敗：企業可以打造安全的職場環境，既容許失敗，也讓員工願意多方嘗試[11]。企業應該讓員工試錯，鼓勵大膽實驗、探索不同可能，也應該肯定出色的構想。

資源適當分配：資源是打造多項設施或基礎建設（包括科技）的必要條件，才能輔助創意發想過程[12]。

支持彈性：企業必須有明確的計畫，以及必要時即興發揮的餘裕。此外，企業可以在遠大理想與現實商業目標之間拿捏平衡，支持個人與小組表達意見，並提供足夠的工作時間。彈性能讓人才想要創造新事物和激盪創意[13]。

提供清晰的策略意圖：企業應該把創意納入企業價值觀中，同時認可創意人才是自家重要資本。企業必須清楚勾勒出有挑戰性的願景和使命，以吸引創意人才貢獻想法、致力於支持企業實現目標[14]。

建立創新本領

想要促進創新，我們需要具備以下特質的人才[15]：

以解決方案為導向：想像力豐富，有辦法提供耳目一新、難度高甚至具風險的解決方案，因為這些方案會帶來獨特又非主流的全新構想。他們善於利用有限資源，看到市場的複雜面向與潛在機會。創新可以解決問題或預防問題[16]。

持續的創新：企業的持續創新有助維持顧客忠誠度[17]。持續創新得仰賴走出舒適圈和突破現狀的自覺，以保有競爭力與永續經營。

反覆推敲：這些人才在構想和具體形式之間進行修改，只為了獲得最佳結果。過程中，他們查找資訊、爭論不休、提出關鍵問題、不著迷於單一創新、大膽實驗，對於不同替代方案抱持開放態度，持續完善方案、最終加以實現。

心理素質強大：這些人才仔細、耐心又不易放棄。跌倒又重新站起來是家常便飯，但他們永遠都準備好跟時間賽跑、跟競爭賽跑。

傳遞正能量：這些人才懂得自我激勵、充滿熱情又認真。他們隨時準備好進行團隊合作、樂意分享知識與傳授技能，把創新思維帶給別人，以造福大眾。

注重細節：這些人才能看到重要的細節。他們運用高智商來進行細膩的觀察，也是深入了解流程的創新者[18]。

企業不能僅單純接受這些真正懂得創新的員工展現的創造力，還必須打造適當的環境來幫助這些本領成長與發展。以下是創新企業的特點[19]：

創新為本的策略意圖：企業必須在願景、使命和策略中注入創新精神，也必須傳達得清楚易懂。組織的價值創造過程必須反映創新概念，從而引發熱情。

建立始終如一的創新文化：企業展現持續落實創新的決心，打造適當的環境、給予應有的認可和肯定、鼓勵員工進行創新。

提供多元的機會：企業給予表達意見的空間，採用不過度嚴格的管控方法。這反映出信任，同時賦予個人自主權、鼓勵他們透過培訓計畫進行創新，對於失敗不會避而不談。

促進合作：在高度多元的環境中，開闊心胸和保持透明是合作時不可或缺的態度。領導者應該以身作則。

扎實的知識管理：開放知識和資料的權限，有助企業找到解決問題的方法[20]。知識有助於理解風險，提升企業的警覺度與執行力。

培養創業精神

我們需要具有創業思維的人才，他們通常具備以下特質[21]：

資源分配者：知識淵博、可以利用既有資源與工具、清楚自己的優缺點，並專注於用自身本領替組織創造價值。

機會尋求者：具有高度好奇心、對學習過程展現真正的興趣、不抗拒科學和技術的進步。他們從不滿足於已知的事物，反而會不斷提出新的問題[22]。

風險承擔者：把風險當成運動，設法降低風險以創造價值[23]。創業家對於失敗處之泰然，懂得從過去的錯誤中學習，確定可以承受的損失、降低面臨的風險，而且具有實驗的能力。

自我鞭策者：動力十足、不依賴外在給予的獎勵、了解熱情能引領高品質的活動、對履行職責有清晰的目標。

人脈合作者：能與他人建立有意義的關係、適合團隊合作、喜歡與人共事、能廣納具備多樣核心能力的各方夥伴來追求共同目標。

企業需要具備創業精神來找到市場機會，並提供企業內部創新活動所產生的多項解決方案。以下特色常見於想在組織內推廣創業思維的企業[24]：

鼓勵多方嘗試：企業鼓勵員工大膽嘗試新事物，對於成功和失敗的結果給予實質回饋。企業也促使員工大膽地把想法直接運用在市場或顧客身上。

培養學習文化：企業鼓勵員工善用過去活動得到的經驗。學習的定義也需要藉由書籍、文獻和顧客互動進一步拓展。每次與顧客的互動，都需要當成改良企業產品和服務的寶貴經驗。每個人都應該要獲得學習機會[25]。

提升歸屬感：具備創業思維的員工一旦有了歸屬感，自然就會成長。企業可以給予符合資格的員工部分股份當作獎勵。另外，賦予員工主導專案或計畫的權力，也有助提升員工的歸屬感[26]。

給予自主權：企業在設定目標時，需要讓員工參與。

他們必須避免在達標過程中管得太多，又要給予員工能獨立決策的自由。企業仍需要建立有效的評估方法，避免進行過多干預。企業必須提供足夠空間，讓人才可以展現成就和工作進展，這本身是個難能可貴的鼓勵，可以維繫人才的忠誠度，讓他們持續在價值創造過程中做出貢獻[27]。

加強跨職能協作：企業需要促進跨職能團隊的形成。他們必須更加善用科技，以促進不同團隊遠距協作。

打造領導力

以下是強大領導者常見的特質[28]：

按策略行動：根據當前的挑戰和機會做出調整，必須對問題有全局視野，而不僅僅關注眼前的問題[29]。

善於溝通：有能力影響他人、清楚又有說服力地傳達想法，無論是策略上的目標或技術型任務都是如此。他們懂得聆聽他人的意見，能在人際情境（一對一）和公共場合溝通（一對多）進行交流。良好的聆聽能力建立起有效的溝通[30]。

深具遠見：有能力預測未來情況，並與組織策略兩相對照。他們懂得激勵團隊成員樂觀地展望未來。此外，他們懂得拿捏穩定和成長之間的平衡。

權力下放與賦能他人：他們不會孤軍作戰，而是按照能力讓不同團隊成員參與。權力下放並不代表領導者逃避責任，他們仍然在現場，針對技術面和心理面，幫團隊成員賦能[31]。

展現誠信與責任感：言行一致，適時下達指令或給予指示，並在團隊成員面前樹立榜樣。雖然他們會借重其他團隊成員協助完成工作，但仍會履行自己的責任。

以下說明企業鼓勵內部成員培養領導力時，所展現的數項特色[32]：

分辨有潛力的員工：企業需要從招募過程之初就看出每位員工的潛力。企業進行的例行考核也可以做為參考來源。

提供教練與導師制度：教練過程會鼓勵員工反思其自己的領導潛力。與此同時，導師制度會幫助他們克服個人難題[33]。

給予新挑戰：企業需要為員工提供各式各樣的工作機會。如果員工有能力因應更艱難的新挑戰，就可能分配到更多責任。這些新挑戰也會用來檢驗員工領導力。

評估進步幅度：企業需要評估每位員工的發展，攸關領導力的發展更是如此。評估可以檢視工作上的例行任務，也可以是分派特殊任務。企業還需要獎勵該獎勵的員工。

促進員工發展：制度完善的培訓會有助於提升員工對於領導的理解和能力。在團隊中，每位人才都應該有相同機會發展彼此的關係，再體驗逐步承擔更多責任才能當上

表 12.1　打造 CI-EL 本領一覽表

	本領			
	創意	創新	創業精神	領導力
個人	• 強烈的好奇心 • 開闊的心胸 • 合作的開心果 • 突破思考框架 • 勇於接受挑戰	• 以解決方案為導向 • 持續的創新 • 反覆推敲 • 心理素質強大 • 傳遞正能量 • 注重細節	• 資源分配者 • 機會尋求者 • 風險承擔者 • 自我鞭策者 • 人脈合作者	• 按策略行動 • 善於溝通 • 深具遠見 • 權力下放與賦能他人 • 展現誠信與責任感
企業	• 消除壁壘 • 給予自主權 • 容許失敗 • 資源適當分配 • 支持彈性 • 提供清晰的策略意圖	• 創新為本的策略意圖 • 建立始終如一的創新文化 • 提供多元的機會 • 促進合作 • 扎實的知識管理	• 鼓勵多方嘗試 • 培養學習文化 • 提升歸屬感 • 給予自主權 • 加強跨職能協作	• 分辨有潛力的員工 • 提供教練與導師制度 • 給予新挑戰 • 評估進步幅度 • 促進員工發展

未來的領導者[34]。

以上打造 CI-EL 本領的摘要，詳見表 12.1。

建立生產力

以下說明高生產力員工的部分特質[35]：

專注於目標：有能力明確指出每天必須實現的關鍵目標、按照輕重緩急排序，也可以將目標拆成較小的待辦事項[36]。

建立優先工作清單：可以根據個人或職場生活的重要性區分工作（甚至相互統整協調），也可以了解需要完成的工作，以及哪些工作可以往後延或拿掉。

時程安排優異：有效管理行事曆（包括待辦清單）是適當分配時間的方式。高生產力的人有先後順序，安排個人時間來逐一完成。

規劃休息時間：有能力管理休息時間，但不會陷入拖延症這個工作量愈積愈多的根源。分配休息時間有助於休息後提高專注力，以及更精準地管理時間[37]。

單工處理：一次做一件工作有助於個人減少工作中的干擾，無論是主要工作到次要活動，例如查看電子郵件和簡訊等，都能高效率地完成。

企業也應該滿足高生產力員工的需求，以維持甚至提高他們的能力。以下是實務上的部分方法[38]：

注意時間分配：有效的時間分配是減少工作壓力的有效方式[39]。企業應該提供足夠的空間來完成任務，像是可以落實精簡會議的文化、提供空間給員工安排待辦清單，並在繁忙時段允許短暫的休息。

規範會議：企業可以提供會議進行指南，讓每個團隊都能更常開會。會議時間可以設限，而議程可以提前發送。會議數量與時間都應該受到規範。

強調目標：每支高效能團隊都知道眾人期盼的結果。團隊成員因為已理解具體目標、任務和計畫，所以能快速工作。

溝通順暢：每支高效能團隊都習慣開放式討論，以解決問題和克服障礙，改善工作成效[40]。

提供增能工具：企業和團隊可以按照需求，運用提升生產力的小技巧，包括遠距團隊的共同工作空間、評估工作成就、追蹤進行中與已完成的任務。

培養進步的本領

以下是有心持續進步的員工所展現的特質[41]：

不斷提問：持續質疑現狀，每天都努力找漏洞來改善營運品質。這些員工都會問對問題、清楚體制運作，進而找出可以改善的地方[42]。

解決問題：這些員工可以先找到問題，發現進步空間；替當前問題帶來解決方案，這是最常見的進步原因[43]。

釐清流程：找到流程的調整方向，可能是改良、刪除或顛覆[44]。這些員工懂得檢視當前的流程，尋找有待修正之處。

終身學習：這些員工不時就需要補充最新知識，好找到進步所需彌補的落差[45]。

清楚起點：先界定問題、找到根本原因，往往是因應難題的最佳起點[46]。

企業必須讓員工保有持續求進步的精神。以下是鼓勵進步的企業特色[47]：

打造進步的基礎：每家企業都可以用既有工作標準來檢視無法達成的目標，再從這些標準下手改善。這個方法可以當作組織內部員工的新標準。

確保想法的交流：企業可以提供簡單的平台，供員工提出在各自崗位上可以進步的想法。企業可以打造橫向交流管道，讓管理階層和其他員工共同求進步；組織內部任何人都能貢獻靈感，像是較了解顧客主要問題的第一線員工[48]。

培養習慣：企業可以建立固定求進步的流程，並且營造良好的溝通環境，讓組織內每個人都可以組建自己的團隊。

多加鼓勵：企業需要了解組織成員在持續進步的過程

中，受到哪些阻礙的影響。企業必須找出恐懼、加以消弭，好讓個別成員可以做出貢獻[49]。

提供學習空間：企業需要提供適當的學習機會，讓員工獲得持續進步所需的知識能力[50]。

建立專業度

在尋找具專業度的人才時[51]，企業通常會看重以下特質：

準備充足且準時到場：他們都做好充足準備才參與會議、簡報或致電，可能會在鏡子前練習或寫好腳本；此外，他們還會提前 15 至 30 分鐘抵達來做準備。

良好的溝通能力：他們在工作場合運用的書面文字或口語都恰如其分。無論是用字遣詞、評論、對話主題與言談風格，都有助於形塑外界眼中的專業度。

合適的外表：外表不僅僅是合適的打扮，還包括如何使用工作空間和整理文件。整齊的衣著代表準備好要工作、秉持專業態度與人互動[52]。

絕對當責： 展現高度的承諾、按約履行各種職責，因此十分可靠。當責意思是一個人可以因為成功接受肯定、也可以因為失敗承擔責任[53]。

展現誠信： 誠實又秉持堅定的道德守則[54] ，因為專業人士隨時準備好拋頭露面、接受外界評價，所以他們需要在言行和工作上展現自身的誠實[55]。

企業藉由落實以下方法，就可以全面提升專業度，同時讓這些本領制度化：

建立職場規範與文化：小型組織需要強大的領導者；中型組織需要企業規範或標準作業程序；大型組織必須具備規範和文化當作工作指引。

提供績效管理制度：除了規範外，企業應該提供公平的評鑑系統，讓各方可以形塑專業行為。回饋和績效管理制度也很有價值，讓每個人都可以了解自己的工作。

鼓勵同事參加培訓或研討會：企業必須適應當前情勢，因此員工需要參與培訓和進修計畫補充知識和能力，進而有效地完成其工作，創造價值並保持企業競爭力[56]。

建立管理能力

展現管理能力的人才擁有以下特質[57]：

全貌分析：有能力思考總體經濟、產業趨勢和競爭對手動態來擬定計畫。全貌分析讓管理者能提供計畫願景、使命和更大的脈絡[58]，從而幫助團隊執行技術工作。

有效的決策能力：有能力權衡多個替代方案的優劣、及時決策、採取符合商業目標的行動[59]。

善於管理專案：有能力規劃（設定目標、資源分配、時程安排）、執行（制定工作流程或進行培訓）、檢查（稽核或監督）和行動（採取預防或修正式的行動）來推動組織的運作[60]。

建立團隊的能力：有能力鼓勵任何人替團隊貢獻，以完成專案或例行工作。管理員不必獨自工作，可以打造強大的團隊、發揮集體優勢，實現困難的組織目標[61]。

適應力：在迅速變動的商業環境中，更需要適應外部和內部變化的管理者。

企業必須能維持管理制度的彈性才能與時俱進，以下策略有助建立管理本領[62]：

明確的接班計畫：優秀的組織不僅僅由一個人領導。因此，需要規劃管理團隊成員的輪替，以確保管理流程的持續性。組織接班計畫可以按照人才在回饋、績效管理審核、以及溝通能力和策略思維面試的評分來決定。[63]

提供績效回饋：管理者可以創造機會，讓每位團隊成員都能提供回饋，養成給予建設性回饋的習慣[64]。定期的績效回饋實屬必要，以調整每個工作的期望，並提供改進團隊工作的建議。

開放的溝通：企業可以透過員工大會、每週或每月會議、或檢舉制度等方式，落實管理員和旗下團隊的雙向溝通。

以上打造 PI-PM 本領的摘要，詳見表 12.2。

表 12.2　打造 PI-PM 本領一覽表

	本領			
	生產力	進步	專業度	管理
個人	• 專注於目標 • 建立優先工作清單 • 時程安排優異 • 規劃休息時間 • 單工處理	• 不斷提問 • 解決問題 • 釐清流程 • 終身學習 • 清楚起點	• 準備充足且準時到場 • 良好的溝通能力 • 合適的外表 • 絕對當責 • 展現誠信	• 全貌分析 • 有效的決策能力 • 善於管理專案 • 建立團隊的能力 • 適應力
企業	• 注意時間分配 • 規範會議 • 強調目標 • 溝通順暢 • 提供增能工具	• 打造進步的基礎 • 確保想法的交流 • 培養習慣 • 多加鼓勵 • 提供學習空間	• 建立職場規範與文化 • 提供績效管理制度 • 鼓勵同事參加培訓或研討會	• 明確的接班計畫 • 提供績效回饋 • 開放的溝通

實務情況

一個人同時有創意、懂創新、有創業思維、具備領導力、生產力高、追求進步、專業度足又有管理能力等八大本領實在罕見，甚至可以說是不可能。光是具備其中兩三項就已足夠了。不過，當然也可以學習其他本領，了解有不同本領和優勢的夥伴。

策略型的人才管理無比重要，可以把商業策略轉化為具體的結果[65]。企業必須制定清晰的計畫，以找到、團結、培養、分配和留住組織中的人才。他們需要確保人才與組織的目標和策略一致、相互整合。這項方法是策略導向型人才管理的核心，而且對於當今的環境勢在必行。

本章要點

- 在吸納人才時，企業可以檢視他們的 CI-EL、PI-PM，以確定需要哪類型的員工。
- 企業希望在以下這些領域建立本領：創意、創新、創業精神、領導力、生產力、進步、專業度與管理。
- 了解企業所需的人才來填補職缺，可以幫助每個人發揮自身優勢，為企業的績效做出貢獻。

Chapter 13

最有價值的奢侈品 Louis Vuitton 逆勢成長之道

——關注營運與財務的成果

路易威登（Louis Vuitton）是全球頂級奢侈品企業，2021 年營收為 642 億歐元，比 2020 年成長 44%、比 2019 年成長 20%[1]。此外，路易威登也在 2021 年獲選為 Interbrand 全球頂級品牌（Top Global Brands）榜單中最有價值的奢侈品企業，整體排名第 13 位，是唯一進入前 20 名的時尚企業[2]。

路易威登董事長暨執行長貝爾納．阿爾諾（Bernard Arnault）表示，2021 年疫情趨緩後經濟逐漸復甦，該品牌業績出色的原因，在於高效率的團隊，以及在艱難的商業環境中所展現卓越的適應力。

這些財務和非財務成就都源自企業致力把顧客當作一切營運的核心。即使面臨長期的疫情危機，路易威登仍維繫良好的顧客關係，品牌也繼續鼓舞人心[3]。

藉由路易威登的例子，我們可以得知，高度關注財務結果必須伴隨市場導向，以及行銷團隊採取顧客為本的策略。這樣一來，非財務成果就會帶來業績。產品或品牌的高知名度只是第一步，但在顧客對產品或品牌感興趣前，光有知名度還不夠。

在本章中，我們會研究全能屋模型的底部，簡要討論行銷人員的財務面向（參照圖 13.1）。我們還會討論資產負債表（B/S）、損益表（I/S，也稱為財務報表）、現金流（C/F）和市場價值（M/V）之間的關係。這些詞彙對行銷人員非常重要，應用創業行銷方法時更是如此。

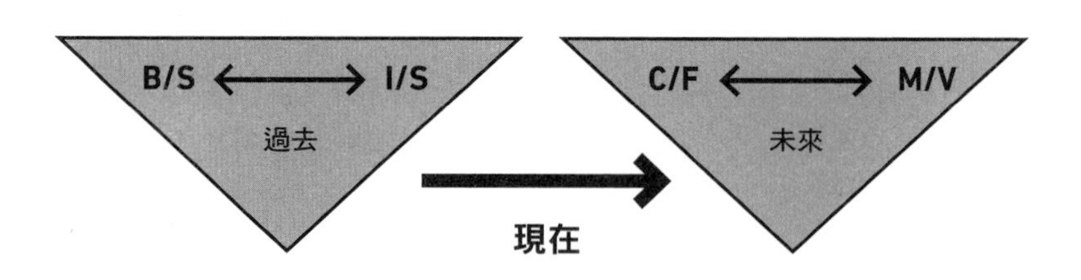

圖 13.1　全能屋模型的財務區塊

現金仍然是王道

一般來說，企業的營業收入來自產品銷售，即是企業核心事業的部分，包括商品、服務和支援服務。投資和銀行利息等其他營收來源也可能有所貢獻，銷售交易通常以現金或非現金方式進行，非現金銷售會增加應收帳款，我們必須盡快轉換為現金。如果我們無法利用企業資產，就不可能有任何生產力。

維持現金流最重要的指標之一，就是把非現金款項轉為現金。但如果商業環境不利，現金流就可能被打斷。而一旦現金流中斷，便值得高度警戒，因為現金是企業營運存續的命脈，通常也需要用於融資和投資活動。因此，任何規模的企業都應該把維持現金流視為首要之務。

企業把營收轉換為現金後，資產負債表上的現金金額就會增加。這些現金會用於支付各類款項，或用於研發、原物料供應或採購、生產流程、行銷和銷售等活動，還有客服與顧客留存（忠誠度）計畫。現金也用於支付營業費用，例如日常開銷和薪資。此外，企業也需要現金用於投資和融資活動。

有些企業的現金充裕。2022 年，13 家企業持有的現金約占標普 500 指數所有企業現金總額（2.7 兆美元）的 40%（約 1 兆美元）。舉一個極端的例子：2022 年初，

Apple 持有的現金和投資達到 2,025 億美元，比前一年成長了近 4%，相當於標普 500 指數企業持有現金總額的 7.4%；Google 母公司 Alphabet 持有 1,692 億美元的現金和投資，相當於標普 500 指數現金總額的 6%。微軟持有 1,323 億美元，相當於標普 500 指數現金總額的 5%[4]。

營收減去開銷等於淨利潤。會計年度結束時，企業會統整出一份當年度的損益表。以淨利潤為例，董事會將提議分配多少股息與保留盈餘。這通常在股東大會上提出。一旦獲得核准，便會分派股息與保留盈餘。

任何保留盈餘都會增加權益，並提高企業承擔新債務（即來自投資人的融資）以拓展業務的能力。這些借款會認列為負債，而投資人的融資會成為企業資產負債表上權益的一部分。隨著權益與負債的增加，資產也會增加，因此企業必須提高銷售額，最終提高淨利。以上簡單說明總結下來，便是權益加負債等於資產的公式（參照圖 13.2）。

權益 ＋ 負債 ＝ 資產

圖 13.2　資產公式

因此，我們可以看到損益表與企業資產負債表之間的關係。股東通常更關心企業損益表下方的淨利，因為這個金額會決定分配到的股息。

過去、現在與未來

在部分情況下，即使一家企業的利潤為負，仍然可以獲得投資人的融資，而不是借錢（債務）。從投資人的角度來看，資產負債表和損益表反映的是過去。因此，對於投資人來說，更重要的是看看企業目前擁有的資源、管理者現在要採取的行動、以及未來的商業前景。

潛在投資人會仔細研究企業現狀與產生現金的能力，也會檢視企業的價值創造過程可以提供多大的報酬，進而提升本益比與本淨比所反映的市場價值（參照本書第 10 章的討論）。投資人會評估，企業為了保持自身在產業中的卓越與價值做出多少努力。他們也會考量企業的內部狀況，包括有形和無形的資源、管理多項資源的本能、核心能力的建立與潛在的獨特能力。簡單來說，投資人想明白一家企業如何因應外部因素，例如大環境、市場、競爭、行為或顧客喜好改變等動態。

企業產生現金的能力，是衡量價值創造過程的重要參考。投資人把現金流量表視為企業獲利能力與長期前景的指標，有助於確定企業是否有足夠現金來支付開銷。換句話說，現金流量表反映了企業的財務健康狀況[5]。

假如新創企業能展現顛覆產業的潛力，往往可以吸引投資人來資助事業發展。即使損益表數年都顯示虧損，投資人仍可能認為，這家新創企業有潛力在未來成為市場龍頭，以及相信市場價值必定會大幅增加，進而帶來優異的未來報酬。

資產負債表和損益表循環

股息支付額除以淨利稱作配息率（payout ratio）。配息率愈高，企業的資產負債表就愈穩健（參照圖 13.3）。根據德默特（Demmert）的說法，當紅企業的配息率通常介於 35% 至 55% 之間[6]。然而，股息金額也取決於企業的體質。如果企業處於成熟和穩定的階段，通常會有較高的配息率。積極拓展的企業通常會扣除獲利（即保留盈餘）以再投資到自家企業[7]。

保留盈餘會增加股東權益。權益愈高，就愈能加強企業獲得貸款的槓桿能力，進而增加債務金額，資產也隨之增加，因此企業就會需要提升銷售額。我們必須繼續維持這個循環，以確保長期下來事業有所成長。

如果這個循環分成兩部分，圖 13.3 右上角顯示資產負債表，左下角顯示損益表。從這個循環中，我們可以清楚地看到資產負債表和損益表之間的關係。這也說明為何在

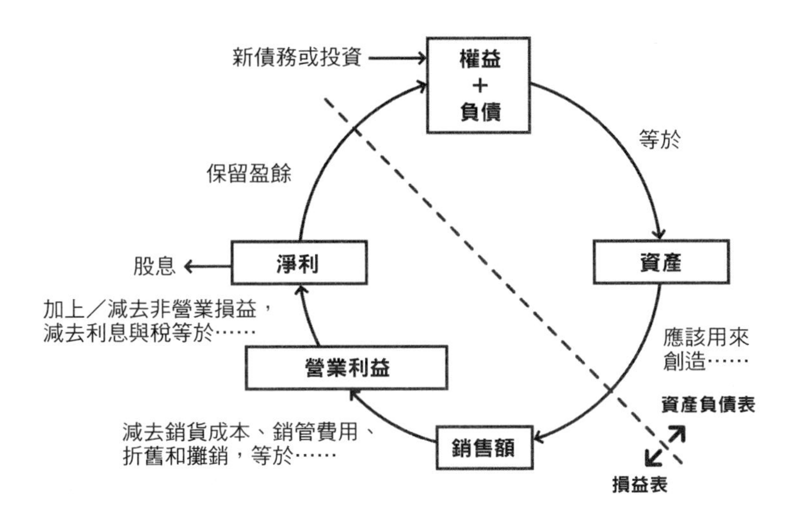

圖 13.3　資產負債表和損益表循環[8]

全能屋模型中，我們在資產負債表和損益表之間畫上雙向箭頭。

財務比率：逆時針法

這個說明由權益和負債開始、以淨利結束，順時針循環。為了讓行銷人員更容易理解，我們可以運用這個循環來理解報酬的概念。我們會倒推回去，來看反映企業獲利能力的財務比率。我們會先從營業利益開始逆時針檢視，以計算銷售報酬率（ROS）和淨利潤。

遭忽視的銷售報酬率和淨利潤

如果我們將營業利益除以銷售額，會產生稱作 ROS 的財務比率[9]。

$$ROS = \frac{營業利益}{銷售額}$$

ROS 反映出獲利能力，即銷售結果產生的營業利益（參照圖 13.4）。如果這個比率相對較小，表示企業的營運效率不高，產生不必要的成本。

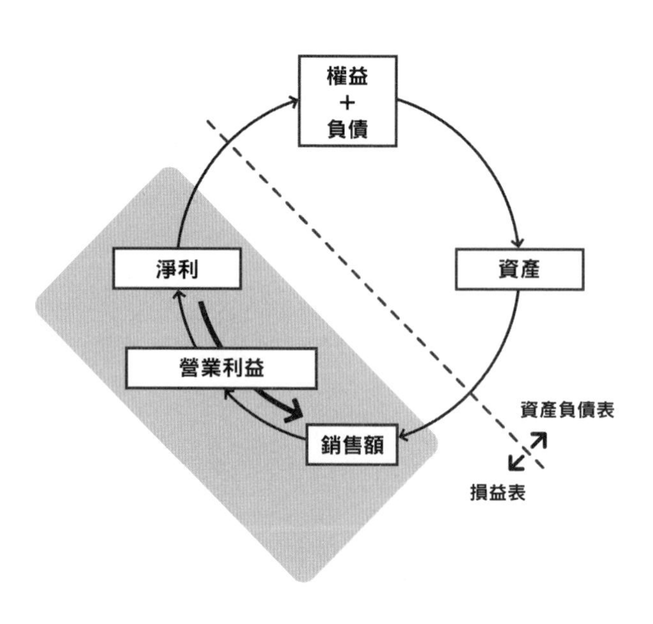

圖 13.4　計算銷售報酬率和淨利潤

我們必須進一步檢視這些成本是否來自行銷與銷售作業。銷售結果可能達到目標、或超過目標，但如果是「不計成本」來達標，便可能存在潛在問題。舉例來說，如果我們提供買一送三的優惠，很可能會賣得很好。價格折扣只要讓銷售額減少 1%，就會讓淨利降低高達 12%，因為我們無法按照折扣率自動降低所有成本。企業推出顧客折扣方案時，幾乎不可能要求價值鏈內的所有人去降低成本。

如果我們決定要提供價格折扣，就必須賣出更多單位的產品，以維持相同的毛利率。假設是 40% 的毛利率和 20% 的銷售折扣，我們需要賣出比平常多一倍的產品數量，以維持相同的利潤率。想達成的毛利率愈高、價格折扣愈大，單位銷售額就愈高；在表 13.1 中 GrowthForce 有

表 13.1 折扣後維持相同毛利率對單位銷售量的影響[10]

價格下降比例 ╲ 毛利率	–5%	–10%	–15%	–20%
30%	+20%	+50%	+100%	+200%
35%	+17%	+40%	+75%	+133%
40%	+14%	+33%	+60%	+100%
45%	+13%	+29%	+50%	+80%
50%	+11%	+25%	+43%	+67%

詳細的說明，

根據麥肯錫對標普 1500 家企業平均損益表的研究，價格對營業利益有極大的影響。價格增加 1%，就會導致營業利益提升約 8%，比變動成本減少 1% 還將近多出 50%，而且是銷售量增加 1% 的三倍[11]。

其他領域可能會迅速出現浪費的現象：商品寄送到錯誤地址，重寄可能會產生高昂成本；賣不出去的大量庫存會累積維護費用；如果企業是靠舉債祭出優惠，利息會產生更多費用；如果印刷品沒人閱讀，也會損耗預算；數位廣告也可能產生浪費。根據《行銷週刊》（*Marketing Week*）的報導，超過 90% 的數位廣告觀看時間不超過一秒[12]。

在損益表中，可能會有隱形成本拉低獲利能力，包括行銷與銷售相關的浪費。如果成本很高，就可能影響營業利益（列於銷售和淨利之間）。

如果想要評估績效，我們可以計算銷售額。淨利除以銷售額後，我們就會得到淨利率，這是企業財務健康的關鍵指標[14]。

$$淨利率 = \frac{淨利}{銷售額}$$

正如前文 4C 概念所討論，除了內部因素外，銷售還依賴於外部力量。這些外部因素對企業構成多重風險，統稱「經濟風險」。這些經濟風險與作業風險結合後，就形

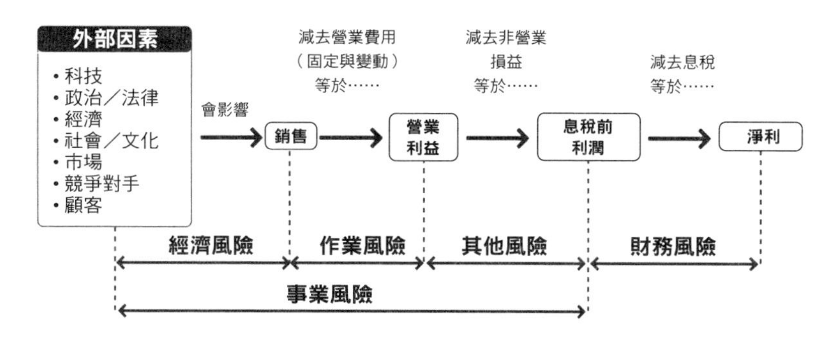

圖 13.5　影響獲利能力的各類風險 [13]

成了「事業風險」（參照圖 13.5）。

還有其他風險（非作業風險）會影響非營業損益的價值。這些風險來自外匯、投資損益以及庫存報廢，還可能包括資產損害和意外成本 [15]。

被遺忘的資產周轉率

繼續沿著循環，我們便來到銷售額和資產的部分（參照圖 13.6）。

銷售額除以資產便等於資產周轉率。這可用於評估企業資產用來刺激銷售額的效益。

$$\text{資產周轉率} = \frac{\text{銷售額}}{\text{資產}}$$

在此，行銷人員必須計算用於達到特定銷售結果的資

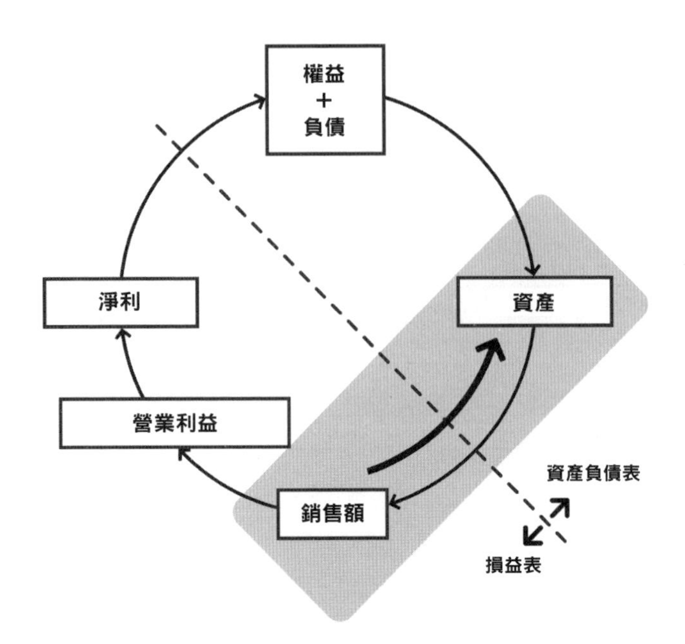

圖 13.6　計算資產周轉率

產實際價值。如果與行銷直接相關的資產眾多，但銷售額很少，則可以假設資產效益不高。這可能是由於資產不合適，或銷售團隊策略和執行上的錯誤。

在行銷中，資產往往無形，例如品牌、標誌、顧客資料庫、品牌的正面公眾形象或聯想、顧客忠誠度、社群媒體和網站內容、資訊圖表、品牌指南和服務藍圖。然而，還有實質資產需要考慮，包括實體行銷和銷售基礎建設、培訓設施、設備與用品、倉儲與庫存[16]。

除了利用無形資產外，我們必須留意使用有形資產創造銷售的生產力。如果銷售人員承諾實現高於預定目標的銷售額，要先檢視他們會使用多少資產或資源來達成該銷售額。假設目標是以高於產業平均的速度，每月銷售特定產品的某數量，就要看看與行銷和銷售額直接相關的固定資產價值（例如車輛、生產機械、土地、建築等等）。如果剛好有個競爭對手具有一模一樣的產品，但商業模式不同，導致固定資產很少，那該如何競爭呢？

雙邊市集是十分基本的線上事業概念，需要極少的有形資產。這個商業模式藉由技術中介平台，例如網站或手機 App，媒合一組買家和賣家，再針對每筆交易收取費用。eBay 是首個重要的雙邊市集成功案例。它能成為時下當紅的模式，要歸功於 Airbnb 和 Uber 等新創企業。在這個領域中，每家企業都取代並改善了「老派」制度的體驗和經濟效益：eBay 讓民眾可以買賣幾乎任何東西、Airbnb 把空房提供全球各地的人預訂，Uber 則讓計程車乘客和司機找到彼此，不必在大馬路上碰運氣[17]。

被忽視的資產報酬率

以上 3 個比率（ROS、淨利率和資產周轉率）可以幫助我們評估效率。想要了解效益，就必須考量損益表中的銷售與資產負債表中的資產兩者的關係。想要衡量生產

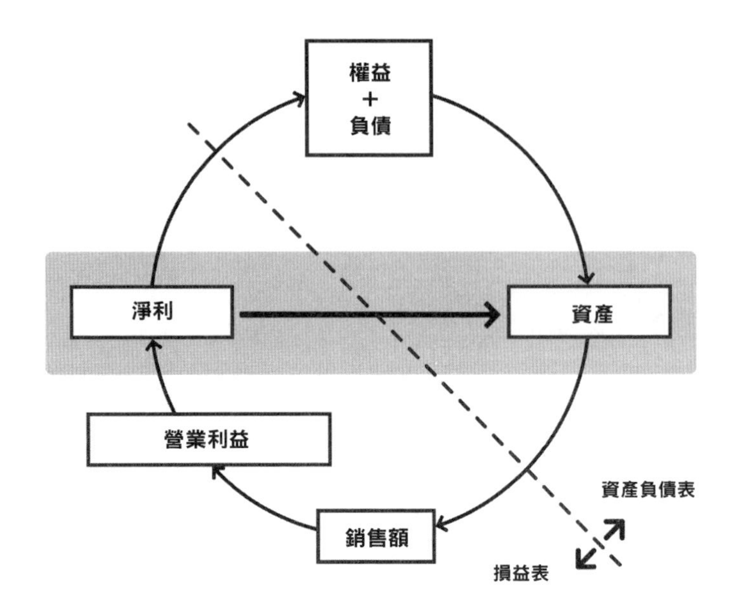

圖 13.7　生產力指標之一：資產報酬率

力，我們可以使用淨利與資產（參照圖 13.7）。

我們把淨利率（即淨利除以銷售額）與資產周轉率（銷售額除以資產）相乘，淨利率和資產周轉率中的銷售額對消，得到淨利除以資產。我們稱作資產報酬率（ROA）。

$$資產報酬率 = \frac{淨利}{銷售額} \times \frac{銷售額}{資產} = \frac{淨利}{資產}$$

何謂出色的 ROA ？一般來說，ROA 愈高，企業獲利效率就愈高。然而，我們必須把企業 ROA 與同產業、同部門的競爭對手進行比較。製造業者等重資產企業，ROA 可能為 6%；遠距醫療 App 等輕資產企業，ROA 可能為 15%。

如果我們按照投資報酬率來比較兩者，可能會選擇遠距醫療 App。然而，如果我們比較上述製造業者與實力接近的競爭對手（ROA 都低於 4%），我們可能會發覺該業者的績效超過同行。相比之下，如果我們把遠距醫療 App 與類似的科技業者進行比較，可能會發現大多數業者 ROA 都接近 20%，顯示該企業與同行相比時表現不佳[18]。

難懂的權益乘數比率

我們繼續沿著逆時針方向，檢視資產和權益（參照圖 13.8）。

資產除以權益便得到權益乘數比率，這指的是由權益融資而非債務融資的資產占比。這個比率反映的是「財務槓桿」，意思是企業獲取資金的能力。

$$財務槓桿 = \frac{資產}{權益}$$

如果這個比率較大，那企業資產主要是透過債務融資。這可能反映更大的財務風險。資產要件可能包括與銷售和行銷相關的有形和無形資產[19]。

馬士基（Maersk Line）這家物流業者是全球供應鏈的

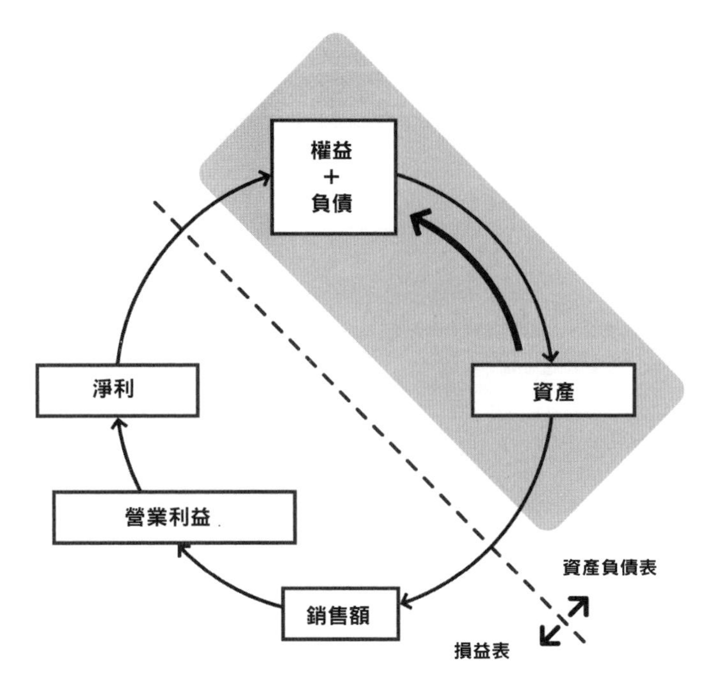

圖 13.8　計算權益乘數比率

主要動脈，對於推動全球貿易發揮著關鍵作用；該企業的無形資產包括能提供高水準服務的能幹員工[20]，有形資產包括運輸船隊等資源。

費解的股東權益報酬率

股東權益報酬率（ROE）是我們圓圈中最後的比率，連結損益表與資產負債表（參照圖 13.9）。

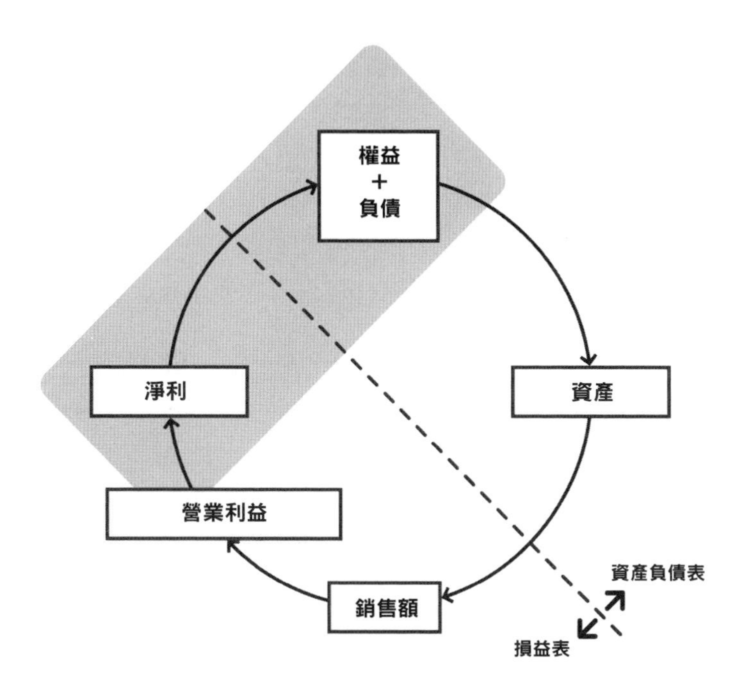

圖 13.9　計算股東權益報酬率

這個比率對於股東和潛在投資人來說，是最重要的生產力指標之一。計算過程攸關比率（ROS、淨利率、資產周轉率和權益乘數），公式包括一個銷售要件。

如果淨利率乘以資產周轉率（兩個銷售要件對消並得到 ROA 比率），再與權益乘數比率相乘，兩個資產要件對消後，就得到 ROE 比率（參照圖 13.10）。

損益表不僅用於銷售的營業金額指標，還顯示開銷的

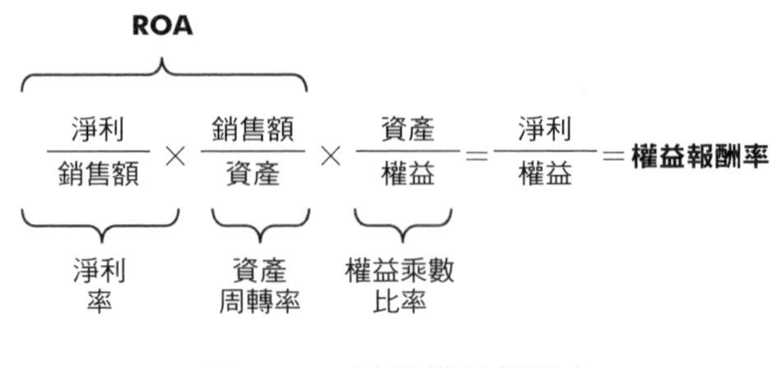

圖 13.10　計算權益報酬率

詳細資訊，包括行銷和銷售相關的費用。管理高層格外在意行銷費用，而當列出企業損益表、把銷售人員的報酬與營收水準兩相對照，更是重視。這些是企業提供商品服務所產生的成本。行銷費用包括在企業的營運費用中，會計師會單獨列在損益表中的「管銷費用」部分[21]。

企業可以使用財務報表，特別是損益表，改進日常行銷作業，並發掘可能創造未來成長潛力的產品類型。管理者可以運用這些報表來分配預算、評估效率、分析產品表現、研擬短期和長期目標[22]。行銷人員的最佳實務包括了解資產負債表與損益表的關係、認識這些比率的意義、藉此採取行銷和銷售決策。

了解現金流和市場價值

如前所述，現金對企業極其重要。沒有現金流，企業無法為日常作業活動提供資金，也無法進行投資和融資。投資人會使用量化和質化的估值方法，來決定是否投資一家企業。一般來說，潛在投資人會檢視企業的外部和內部要件來進行企業分析，類似於 4C 分析，然後再看各個財務面向（參照圖 13.11）。

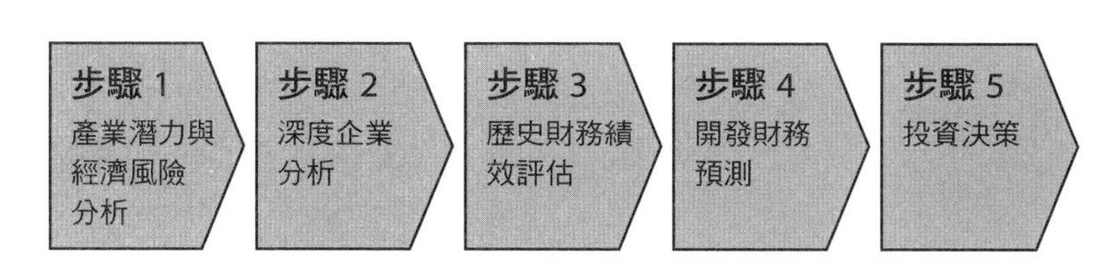

圖 13.11　一般企業估值的各個階段

投資人評估企業的步驟可以成為行銷人員的參考，以下各節提供了估值過程的一般指南。

步驟 1：產業潛力與經濟風險分析

投資人會考量總體經濟因素，包括科技、政治／法律（包括法規）、經濟和社會／文化。他們還會觀察個體經濟指標，例如未來市場狀況、產業成長、參與者之間的競爭、顧客行為和潛在發展。

舉例來說，在銀行產業，區塊鏈技術出現、全新法規、經濟萎縮和生活方式改變等大趨勢會為企業創造機會和威脅。在個體層面上，顧客愈來愈不愛使用現金、轉而使用數位銀行。企業若能早期發現轉變，便可用來確定企業策略意圖。從投資人的角度來看，他們看到的是企業如何因應大環境的動態。

步驟 2：深度企業分析

潛在投資人會透過檢視企業的商業模式，來更了解企業的體質，明白企業是否秉持其核心能力（甚至獨一無二的能力）、是否可以長期保證持續的營收。換句話說，企業必須由本領支撐足夠資源，並在公司治理下進行管理，進而建立競爭優勢。投資人會檢視企業是否有明確的策略，該策略應用到實際作業時要保持一致。投資人會關注短期和長期的作業風險。

投資人還會評估科技在打造競爭優勢的作用多寡、企業的數位導向程度有多強、行銷和銷售團隊整合度多高、以及市場導向與顧客為本的程度多高。他們也會關注人才管理和企業文化的落實，並且考量創意和創新本領。

步驟 3：歷史財務績效評估

投資人會研究企業的財務報表，以了解其近年的績效：

- 可實現的營業利益率
- 帶來重大利潤的產品和服務

- 淨利、股息與保留盈餘
- 獲利能力比率或產生的報酬率
- 權益與負債
- 有形與無形資產
- 現金流，包括營運、投資和融資活動的現金分配
- 企業當前市場價值（本益比和本淨比）

投資人會特別關注營業現金流，以檢視現金是否分配在創造價值的投資中。他們也會觀察企業的發展歷程，了解是否為新創企業。企業可能正在積極拓展，也可能已進入遲暮之年。投資人會把其績效指標與相似企業、勁敵和產業平均值相比。

步驟 4：開發財務預測

由於現金對投資人來說無比重要，因此必須務實地預測未來數年的營業現金流。這個預測必須奠基於穩健的商業模式，可以反映企業在動態商業環境中的競爭力。商業模式必須清楚地顯示企業的營收，並據此對未來數年進行預測。投資人有必要研究營業現金流（已從所有營業費用中扣除）和未來數年的資本開銷（即企業投資活動的一部分）。

我們從營業費用和資本開銷（CAPEX）扣除預測的現金流入，便可以得到自由現金流的值。接著，自由現金流會折現，稱作現金流折現（DCF）。投資人運用這項指標

來確定企業的當前市場價值（按照公平市價），以及估算未來市場價值成長的潛力。

步驟 5：投資決策

投資人會判斷 DCF 減去初始總投資後，是否反映顯著的正差異。初始投資金額也將決定投資人持有企業所有權比例。如果會計年度結束時淨利為正，又決定以股息的形式（部分或全部）分派，那投資人就會按照持有股份獲得股息。投資人會檢視本益比是否令人滿意。此外，如果市場價值不時大幅增加、價值高於帳面價值（代表本淨比／股價淨值比出色），則投資人可以賣出來獲取資本利得。因此，投資人會檢視企業當前市場價值和帳面價值、預測的市場價值以及實際市場價值。

尋覓投資人

了解估值過程中採取的步驟，有助組織幫投資人做好準備，而這可能發生在企業籌措資金階段。在其他情況下，獲得投資人可能是策略的一部分，協助企業為未來目的打造價值。假如是家族企業，即使不打算出售企業，也可能希望「適合出售」[23]。這個過程可能有助提升家族企業在該產業的專業度。表 13.2 列出進行估值前需謹記的原則。

表 13.2 摘要：尋覓投資人前的準備步驟

	企業準備項目清單
步驟 1： 產業潛力與經濟風險分析	• 管理階層深入了解大環境 • 具備策略上的彈性 • 跟得上產業腳步，甚至領先產業 • 清楚的競爭區塊 • 清楚的差異化與市場定位。 • 參與商業生態系 • 最小化風險
步驟 2： 深度企業分析	• 願景、使命、企業價值觀和文化 • 穩健的商業模式 • 策略與戰術始終一致直到執行／落實 • 明白自家核心能力（甚至是獨特的能力） • 合格的公司治理 • 認清真正有價值的不同企業資源 • 具備各項本領（科技、創意與創新人才等等）
步驟 3： 歷史財務績效評估	• 確保高生產力（效能與效率） • 優異的顧客管理（從獲客到忠誠度） • 扎實且管理良好的產品組合 • 完善的財務管理、無現金流問題 • 完整又容易取得的不同財務報表 • 找到有價值又獨特的各類無形資源 • 認清企業發展階段（新創期、拓展／成長期或成熟期）
步驟 4： 開發財務預測	• 中長期成長計畫 • 產品開發計畫 • 市場開發計畫 • 多角化（分散投資）計畫
步驟 5： 投資決策	• 準備協商過程 • 挑選適合的投資人 • 準備詳閱所有法規

現金流和市場價值循環

現金流和市場價值之間存在著互惠的關係，我們可以透過現金流和市場價值的良性上升循環來說明。然而，如果企業的外部和內部條件不如預期般好，這也可以用來描述相反的影響（即惡性循環）。我們可以把連結現金流和市場價值的循環分成以下三大區域：變現、現金流和市場價值（參照圖 13.12）。

在變現區域，進步和創新可以大幅協助多個價值創造過程，最終提升銷售額。接著，我們來到現金流區域，在這個階段，銷售額扣除了營業費用（包括折舊和攤銷）所產生的營利，再與非營業損益結合、扣除利息和稅收後，就會得到淨利。這個金額會再以股息和保留盈餘的形式分發給股東。

再來，我們轉向市場價值區域，上升的股息會改善本益比，進而推升股價，讓本淨比進一步成長。接著，我們回到現金流區域，市場價值更高的企業更能吸引投資人挹注資金。也就是說，融資活動會導致企業現金流入增加。企業會把部分現金撥給投資活動（即 CAPEX），以及與品牌、流程和人員等無形資產相關的投資。這項投資預期將提高企業進步與創新的能力，再周而復始地循環。

了解這個循環後，具備創業思維的行銷人員便能看

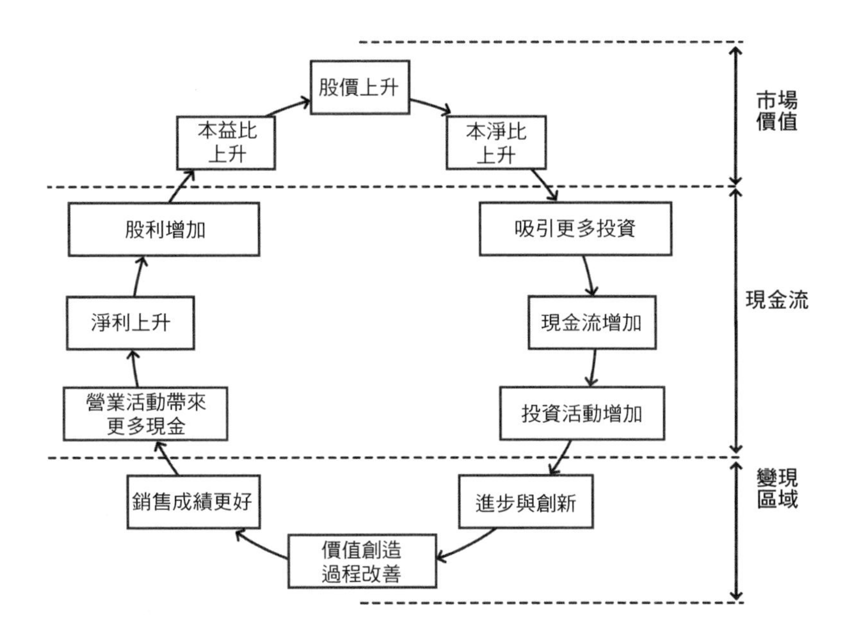

圖 13.12 現金流與市場價值的良性循環圖解

到行銷和銷售在變現、現金流和市場價值中扮演的重要角色。上圖還顯示，行銷和銷售是確保企業長期發展不可或缺的部分。

值得注意的是，資產負債表不包括除了專利、版權、特許權、許可證和商譽之外的無形資產。假設某某品牌權益能造就極高售價，如果企業尚未被收購，則無法把品牌價值記錄為資產負債表上的企業資產。這個寶貴無形資產的價值，可能會導致企業帳面價值與市場價值之間出現巨大落差。無形資產價值愈高，企業市場價值（相對於帳面價值）也愈高。

除了品牌、版權、特許權、專利和其他無形資產之外，企業還必須仔細認清、並獲取其他無形資產，包括創新本領、強大的企業網絡、獨特的企業文化、扎實的管理本能和顧客資料庫等等。唯有一家企業獲得收購，帳面價值與市場價值的差異（即無形資產價值的指標）才能事後另記為商譽。此外，無形資產的價值必須定期攤銷，就算市場認為企業無形資產價值正在增加也一樣。

以上這些討論再帶到策略管理，無論是有形資產還是無形資產，如果不能被使用並轉化為奠定核心能力的實用本領，就不會帶來好處。其中一項本領就是銷售，即應用現有資產來獲取特定目標的成果。假如企業運用資產的方式符合效能與效率（即具備生產力），價值創造過程便自然出現，進而形成核心能力。如果一家企業可以始終保持這個狀態，就會打造永續的競爭優勢。

行銷人員不僅要增加自己對財務詞彙的知識，財會人員也要覺察無形資產日益重要的功用。無形資產正在成為價值創造過程中的主要因素，最終會決定企業的競爭優勢。數位時代誕生的企業普遍都有這個現象，他們的商業模式與傳統大相逕庭。在部分情況下，數位新創企業的表現更為亮眼，可說是傳統企業重新檢視商業模式的機會，也許現在恰好適合學習新方法來提升自我價值。

本章要點

- 現金是組織的生命力，用於支付營業費用、投資與財務活動。
- 行銷人員了解關鍵財務詞彙時，就可以與其他主管就策略面進行溝通，善加評估如何擬定預算、資助和評估專案。財務敏銳的行銷人員會對企業生產力有正面影響。
- 為了評估一家企業，投資人會進行分析，以確定產業相關的經濟風險，深入研究企業、回顧歷史績效、設定財務預測並做出決定。
- 明白投資人最重視的要點，有助企業對估值做好準備。

Chapter 14

萬事達卡品牌價值8年內成長2倍的做法

——全面整合財務和行銷部門

2013 年，萬事達卡（Mastercard）行銷長拉賈．拉賈曼納（Raja Rajamannar）希望提升行銷部門的地位，使其在策略上發揮更大作用。當時，萬事達卡早已是無人不曉的品牌。拉賈曼納發現，各項行銷活動都成功地提升品牌的知名度，卻未帶動營收成長。

拉賈曼納也察覺，財務長與行銷長之間並未直接共事，但行銷費用卻是損益表中的三大費用之一。為了改變現況，拉賈曼納要財務長與他合作來整合兩個部門。

為了實現整合，拉賈曼納在行銷團隊中安插一名財務團隊成員。他要求新團隊運用一個公式來衡量行銷活動的投資報酬率，目標是建立共同的知識體系，以衡量行銷對於整體經營目標的影響。

身為 B2B2C 品牌（business-to-business-to-consumer 的簡稱），萬事達卡的策略計畫包括直接與最終顧客互動，希望個別持卡人能認可這個品牌。為了達成這項目標，拉賈曼納在各地辦事處實施體驗行銷活動，希望每個地區找到與個別顧客直接交流的適當方式。接著，他要求各地辦事處使用投資報酬率衡量活動產生的影響。結果，萬事達卡的品牌價值從 2013 年的 690 億美元，成長到 2021 年的 1,120 億美元[1]。

萬事達卡的例子顯示，行銷和財務之間的整合關係可以大幅影響競爭力與永續性。實際上，這兩個部門之間通常缺乏和諧。因此，我們才會在前文列為一個盲點。

在本章中，我們會探討克服整合行銷和財務的既有障礙，也會探討整合部門後可能產生的互惠，並且研究如何逐步拉近這兩個部門的距離（參照圖 14.1）。

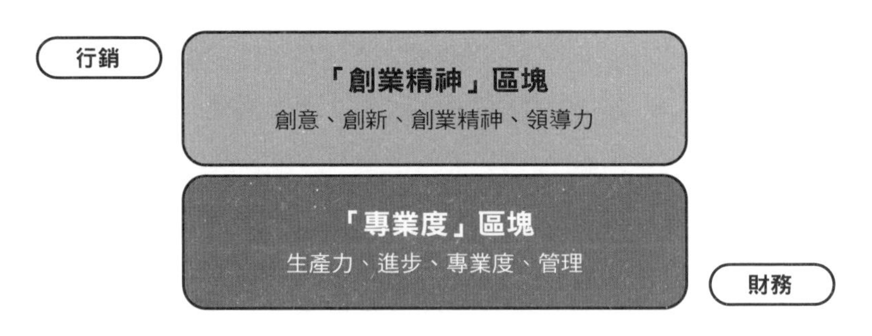

圖 14.1　全能屋模型中行銷與財務要件

具有歷史意義卻各自獨立的支柱

儘管行銷和財務部門位於同一個管理生態系中，傳統上兩者卻經常沒有關聯。行銷主管一般實務是按照當前的商業策略，做出預算相關的決策。行銷主管不太可能按照財務報酬指標來決定預算的計算方式。這樣的實務可能讓行銷團隊和財務團隊都產生誤解，因為儘管兩者具有相同的目標，即支持企業的商業策略，卻有不同的思維[2]。

一般來說，財務團隊會衡量行銷活動的成本和報酬。然而，根據行銷主管的說法，運用數值公式來衡量行銷活動，不見得是絕對正確的方法。大多數行銷策略著眼於長期的影響。短期內，行銷活動可以帶來量化的報酬；但就長期影響來說，行銷活動會產生更多的質化結果，例如品牌形象[3]。

兩者的結合提供改善業績的機會。勤業眾信發表的一篇文章中，莎拉·墨菲（Sarah Allred）和提莫西·墨菲（Timothy Murphy）指出，行銷和財務的合作是企業成長的必要條件。他們的研究顯示，在成長最快速的企業中，管理高層一致認為必須衡量行銷的影響力。

立場一致便奠定了重要的基礎，可以同時發揮行銷長和財務長的優勢。勤業眾信的研究還發現，當前趨勢正在變化，不少跡象顯示，部分行銷長和財務長正在想辦法提升合作效益。行銷長和財務長之間緊密又和諧的關係，可以大幅幫助業績成長[4]。

行銷和財務部門可以也應該為彼此創造價值。財務為行銷活動提供預算，而行銷活動可以帶來可貴的營收或品牌價值，兩個部門都需要共通的語言與合適的方式來互相溝通。兩個部門都會帶來決定性的影響，應該按照企業的使命通力合作，以實現願景[5]。

再談效率、效能和生產力

在第 13 章中，我們使用資產負債表和損益表循環（參照圖 14.2）來討論效率、效能和生產力。一般來說，如果行銷人員想了解效率高低，可以檢視損益表、計算銷售報酬率和淨利率，因為這些都反映了獲利能力。

一般來說，想要避免效率低落導致的損失，就需要秉持「零容錯率」原則。我們從損益表一路說明到營業利益，才體認必須避免任何潛在的低效率，包括非價值創造活動衍生的不必要成本，以及可以事先預防的錯誤。

正如在第 13 章中所見，行銷人員可以計算資產周轉率，以了解他們團隊和企業的經營效能。如果企業的資產在成長，銷售額卻未見提升，可能是因為用錯資產，反之亦然。說不定企業擁有的資產無誤，但問題出在銷售計畫。

行銷與銷售業務 ＼ 資產	效能低	效能高
效率高	資產缺乏效能，生產力較低；資產周轉率低，銷售報酬率高，因此資產報酬率尚可。	生產力高；資產周轉率和銷售報酬率皆高，因此資產報酬率高。
效率低	生產力零；資產周轉率和銷售報酬率皆低，因此資產報酬率低。	營運缺乏效率，生產力較低；資產周轉率高，銷售報酬率低，因此資產報酬率尚可。

圖 14.2　生產力矩陣

其他基本錯誤也可能出現，例如鎖定的市場區塊錯誤、產品定位不恰當、價值主張商品化（反映在產品和價格上）、行銷溝通薄弱、銷售策略不一致等。

結合效率和效能後，便得出資產報酬率這個生產力指標。如果生產力出現問題，可以探討其中緣由。生產力低落可能肇因於：

- 即使具備適當的資產，行銷和銷售業務仍然效率低。
- 行銷和銷售業務效率高，但缺乏合適的資產。
- 行銷和銷售業務效率低，資產也不具備效能。

標準財務報表並不足夠

財務計算上有數個重要的行銷量化指標，包括行銷投資報酬率（ROI）、每次行動成本（CPA）、顧客獲取成本（CAC）、顧客終身價值（CLV）與營收歸因。雖然這些關鍵績效指標（KPI）十分重要，卻不是所有行銷人員或企業都會使用。以下逐一說明：

- ROI：從行銷的角度來看，這是計算任何行銷活動效能的方法。ROI的算法是減去行銷成本、銷售額成長，再除以行銷成本，得到ROI百分比。舉例來說，如果行銷活動的ROI為20%，代表該行銷活動的投資創造了20%的利潤[6]。
- CPA：即行銷活動總成本除以轉換來的顧客人數，這個金額說明從行銷活動獲得一個新顧客所需費用。CPA愈低，代表行銷活動效率愈高[7]。
- CAC：指說服一個顧客購買產品或服務所需成本，算法是銷售費用與行銷費用相加，再除以新顧客人數。
- CLV：該公式計算企業可以從單一顧客獲得的總利潤，前提是該顧客會向企業購買產品或服務。這個指標衡量買賣關係中的顧客價值和忠誠度。
- 營收歸因：這個詞彙是指把顧客銷售額與特定廣告對照，以檢視營收的源頭，通常用於計算未來廣告預算。

上述部分指標對於衡量行銷績效非常重要。然而，這些通常不包括在標準的制式財務報表內。財務報表通常不是以行銷為考量。

還有部分行銷專屬的非財務指標來評估行銷績效，這些都提供重要洞見，認識策略和戰術決策過程。表 14.1 列出許多常見的指標。

這些指標通常不會與非行銷部門共享，因為它們往往被視為不重要。有時，根據這些指標，績效看起來很理想。可惜的是，只要缺乏實質財務結果，這些績效指標就不會被當一回事。這些非財務結果難以轉化為財務結果，導致其他部門（尤其是財務部門）經常不以為然；許多看似可靠卻無明確意義的指標，通常稱作虛榮指標。

行銷專屬財務指標必不可少，理應在會議中提報企業高層。表 14.2 中有許多財務指標雖然實用卻未被使用。如果這些財務指標確實存在於企業內，則通常不會納入標準的制式財務報表（銷售額和售出商品成本等常見指標除外）。

創業行銷組織最好整合財務和行銷團隊，並擬定適當的指標來解讀行銷活動的財務意義。如果沒有善加分析、解讀這些指標，行銷決策可能源自最佳猜測、估計或假設。如果我們僅參考標準的制式財務報表，即通常不是行銷專屬，行銷決策便會造成誤導而且缺乏效能。

運用財務部門核准的財務和非財務行銷專屬指標，行

表 14.1　行銷專屬的非財務指標

一般行銷指標			數位行銷指標		
• 多接觸點歸因 • 行銷有效潛在顧客（MQL） • 銷售有效潛在顧客（SQL） • MQL 到 SQL 轉換率 • 潛在顧客成為顧客的轉換率 • 銷售團隊回應時間 • 購買行動比率（PAR）	• 售出單位數 • 市占率 • 荷包占有率（SOW） • 心占率 • 品牌權益 • 品牌知名度 • 品牌聯想 • 品牌忠誠度 • 品質認知 • 品牌體驗 • 品牌偏好 • 顧客留存率（CRR）	• 顧客滿意指數 • 回購率 • 新顧客數 • 交叉與追加銷售率 • 客訴數 • 正面／負面宣傳數 • 品牌宣傳率（BAR） • 淨推薦值 • 顧客流失率	• 按讚數 • 訂閱數 • 轉發／分享數 • 社群媒體互動率 • 瀏覽量 • 不重複瀏覽量 • 留存率 • 互動時間 • 平均瀏覽頁數 • 跳出率 • 網站流量 • 網站轉換率 • Email 行銷效用（整體） • Email 開信率 • Email 跳出率	• Email 點閱率 • 退訂率 • 新訂閱者數 • 未互動訂閱者 • 點閱率（CTR） • 運用聊天機器人自動開發潛在顧客 • 運用即時聊天獲取潛在顧客 • 潛在顧客成為顧客的轉換率 • 一頁式網頁轉換率 • 進店率 vs 轉換率 • 多接觸點歸因	• 客訴數 • 正面／負面宣傳數 • 互動指標 • 觸及數 • 曝光數 • 追蹤人數 • 新追蹤與追蹤成長率 • 流量（行動與社群媒體） • 潛在顧客（行動與社群媒體） • 轉換率（行動與社群媒體） • 品牌討論度 • 棄用率

表 14.2　行銷專屬的財務指標

一般行銷指標		數位行銷指標
行銷導向	標準財務導向	
・銷售額 ・售出商品成本 ・銷售額成長 ・折扣優惠 ・銷售報酬率（ROS） ・毛利率（部門、鄰別、產品、品牌、領域等） ・銷售與行銷費用 ・行銷 ROI ・每次獲取名單成本（CPL） ・每次行動成本（CPA） ・每位顧客服務成本 ・每位客人／使用者／顧客平均營收（ARPA ／ ARPU ／ ARPC） ・現有顧客營收成長率 ・營收流失 ・每月經常營收（MRR） ・顧客終身價值（CLTV） ・行銷 ROI 或 ROMI ・品牌價值	・營收 ・折舊與攤銷 ・營業費用 ・營業利益率 ・現金流 ・應收帳款 ・周轉率 ・庫存 ・庫存報廢 ・淨利率 ・資產周轉率 ・資產報酬率（ROA） ・財務槓桿 ・權益報酬率（ROE） ・本淨比／股價淨利比（P/B ratio） ・本益比（P/E ratio）	・每次點擊成本 ・每次行動成本（CPA） ・每次獲取名單成本（CPL） ・顧客獲取成本（CAC） ・數位廣告支出 ・（數位）廣告投資報酬率（ROAS）

銷人員在衡量效率、效能和生產力時就可以更加精準。團隊應該評估各個階段的行銷活動，從建立知名度到維護顧客忠誠度皆然。務必要按照具體的行銷目標，選擇適當的行銷專屬指標。

整合五大階段

行銷和財務之間關係的演變分成五大階段，從兩個獨立團隊到完全整合（參照圖 14.3），以下會逐一檢視每個階段。

第 0 階段：完全分開

行銷和財務部門獨立運作、獨立發展，兩者幾乎沒有共享有意義的資訊。即使是非正式交流也很少發生，只有在緊急事務或問題出現時，兩個部門才會往來。

兩個部門的成員都專注於各自按照關鍵績效指標所設定的目標。他們有各自的例行公事和重要事項，沒興趣合作解決問題。兩個部門尚未顯示出共存的跡象。

在這個階段，行銷和財務有時會發生衝突，主要是預算分配的意見不合。兩者的關係充滿「拔河」。行銷人員認為財務團隊在撥預算上故意刁難，財務團隊則認為行銷團隊缺乏明確方向，把錢浪費在模糊的目的上。

第 1 階段：基本溝通

在這個階段，行銷和財務部門仍然各行其是，但已建立實質又重要的溝通管道。資訊交流也已開始，但共享的資訊通常不具太大價值。每個部門在策略上仍獨立運作。

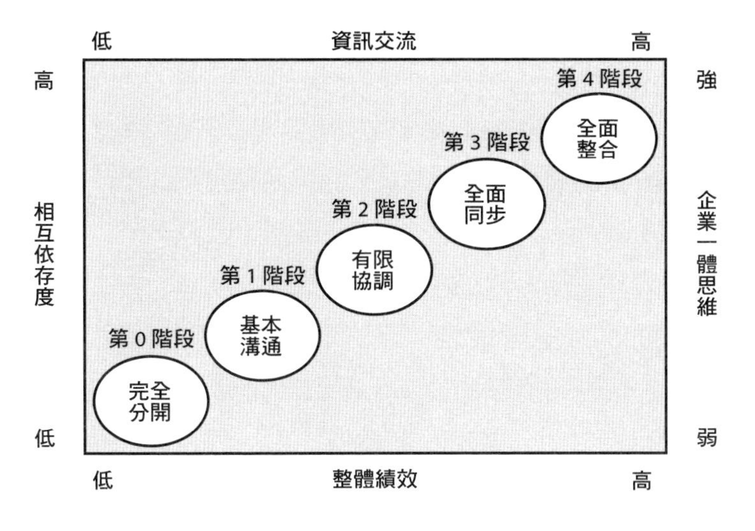

圖 14.3　行銷與財務部門如何從獨立走向整合

與第 0 階段類似的是，兩個部門成員仍然專注於根據各自部門的關鍵績效指標來制定自己的目標。在維持例行公事的同時，他們已開始關注彼此的重點事項，理解這些事項可能會影響其他職能。兩個部門都顯示共存的跡象，但並未合作解決內部問題。

兩個部門之間的觀點差異明顯，預算分配方面尤其如此，像是如何使用預算，以及希望實現的目標。然而，兩個部門都打算進行調整，以提升作業上的適應力。財務專業人士在提報行銷預算時，不全然相信行銷人員提出的大多數假設，但財務團隊已開始告知行銷部門對於預算分配的期待。行銷人員也開始會把財務團隊對於預算使用的擔憂納入考量。

第2階段：有限協調

在第2階段，行銷部門和財務部門之間的關係已有重大進展，主要是彼此更努力進行協調。這兩個部門之間有更多正式的溝通管道，可以交換更有用的資訊。除了既定的正式交流外，非正式溝通也變得更加靈活。彼此的部門都以更宏觀的角色看待對方的難題。交換的資訊愈來愈重要，有時還會用來輔助策略上的目標。

行銷部門開始使用常見的財務詞彙（不只有銷售詞彙）來溝通，例如單項產品或品牌利潤率、損益平衡點、顧客獲取成本等。然而，行銷團隊使用的KPI大多仍傾向於非財務指標。相較之下，財務團隊開始在討論中使用行銷詞彙，包括為銷售額做出最大貢獻的市場區塊、獲利最大的產品或品牌、顧客終身價值等。雙方愈來愈相互依賴、學習共存。

儘管兩個部門之間看法仍有分歧，但已透過協調變得更為順暢。財務專業人員也開始相信行銷團隊在呈報預算時，所運用的部分假設。

行銷團隊開始更致力於滿足財務團隊的部分期待。溝通開誠布公、資訊交流更順暢，因而讓關係愈來愈和諧。

行銷和財務部門的辦公室位置相鄰，或至少更為接近，而且定期舉行每月會議，檢視企業成長、預算使用情況、非財務和財務結果。無論是在正式會議或非正式會議中，他們都能共同解決不同的期望、疑慮和議題。兩個部門都指派聯絡人來促進協調。雙方也共同制定政策與規定，避免爭端或無意義的衝突。

第 3 階段：全面同步

在第 3 階段，兩個部門之間的關係從有限的協調，進展到更全面地朝著共同目標同步邁進。除了加強已建立的溝通管道，雙方已開始使用共享的資訊平台，彼此都可以即時更新。雙方的活動愈來愈同步，無論是想達成的目標、運用彼此有共識的 KPI、工作分配、決策過程、實際執行都由兩個部門的聯合團隊監督。幾乎每個流程都有更多協作，造就彼此更為相互依存。

兩個部門之間的非正式溝通不再存在障礙，甚至正式溝通也可以每天進行。雙方可以更全面地看待彼此部門的問題，開始共同討論、解決問題。交換的資訊不再僅僅是有用的資料，還必定是最新資訊、傳播快速並迅速得到兩個部門的多方響應，策略面和戰術面皆然。

資訊成為重要的基礎，因為兩個部門已進入資料驅動的同步階段。這些資料用於進行準確的預測，雖然部門間的衝突仍然存在，但並不激烈。兩個部門更專注於共同面對挑戰，以確保企業獲得最佳結果。

行銷部門已開始順暢地使用財務資訊來決定預算，目標是有效地使用企業資產來提升銷售額。行銷團隊運用多個財務 KPI 來補充和、證明不同非財務 KPI 所測得的結果。

財務部門團隊也逐漸熟悉行銷過程，包括實際作業層面。他們給予意見，協助增加效率和改善利潤率。財務部門開始肯定行銷的許多面向，例如顧客資料庫、產品創新本領和品牌權益。財務團隊認為，這些無形資產可能影響財務結果和企業的市場價值。

原本理想中的共存已成為現實，兩者相互依存度高。財務人員已開始相信、甚至共同擬定行銷團隊使用的假設。實事求是的精神已是司空見慣，提升行銷部門預算決策過程的客觀度。

行銷人員更加參與制定行銷財務目標，這些目標不僅客觀，也能由行銷團隊實現。兩個部門對於結果有相同的期望，彼此維持和諧的關係，因為雙方使用可以理解的語言來進行溝通，同時參考彼此都能即時存取的共同資訊平台。資訊準確、隨時更新，而且財務人員能流利地運用行銷人員的詞彙，行銷團隊也了解並使用財務人員的語言。

兩個部門固定舉行每週會議，以檢視整體生產力。他們也會尋找拓展業務的機會，雙方都努力避免可能阻礙部門績效的問題。

第 4 階段：全面整合

第 4 階段是行銷部門和財務部門的全面整合。儘管兩個部門仍有清楚的界線，但所有協作過程都具彈性、兼容並蓄。溝通能透過線下和線上平台進行，讓關係無縫接軌。

借助人工智慧技術的輔助，管理階層可以使用動態資訊進行預測、提出情境解決方案，包括客製化和個人化。行銷和財務部門的 KPI 都可以在彼此能即時存取的儀表板上，每分每秒地進行監控。決策過程也十分迅速，也符合商業環境的變動步調。相互依存度達到最高，因此管理階層可以將錯誤率降到最低。

正式與非正式溝通毫不費力。不再有會減緩企業管理流程的無謂繁文縟節。個別部門討論策略相關的作業與戰術問題，進一步拓展自己的視野。因此，這兩個部門固定參考兩類不同 KPI 績效之間的關係。舉例來說，他們討論市占率與獲利能力之間的關係、選擇市場區塊對利潤的敏感度、運用顧客資料平台（CDP）對顧客忠誠度和銷售額的影響，以及收購品牌對企業市場價值的影響。這種策略關係最終指向一個目標，即企業的永續發展，超越各部門的傳統 KPI。

行銷和財務部門的整合特色，便是決策過程屬於資料和科技導向。針對資料進行運算分析，包括大數據或廣泛統計分析已屬司空見慣。這類系統分析（又稱分析工具）會產生有意義的資訊和洞見，奠定雙方共同決策的基礎，同時強化兩個部門策略面和戰術面的整合。

在行銷和財務部門的掌控下，企業資源的使用已達到效能和效率的最佳化，著重於規模經濟、促進範疇經濟。而借助科技的輔助，完全整合可以消弭衝突，加強企業一體的思維。溝通問題不復存在，因為兩個部門已理解彼此的語言。

這個階段的財務部門認為，行銷部門是需要預算分配給營業費用（OPEX）和資本開銷（CAPEX）的策略事業單位。兩個部門的觀點分歧極小，因為過程往往是基於事實、資料導向。如果必須運用部分假設，兩個部門都會共同擬定。這樣百分百的相互依存度，也讓兩個部門打造「共享成敗」的思維，展現強烈的凝聚力和共存意願。

財務部門把營業預算和投資分配給行銷部門，行銷部門向財務部門提供報酬，每筆花費的資金都會有明顯的用途，對於結果也十分清楚。兩個部門擁有相同的願景、制定符合企業策略的共同策略，並且使用相同的系統或平台。執行長、財務長和行銷長等高層主管之間的協調更加和諧，不再出現「拔河」的現象。

想要看到整合發生，可以參考 ABB 集團的例子。該企業任命一位雙財務長，監管全球行銷部門與財務部門，確保日常企業營運所需的緊密連結[8]。

財務－行銷循環

在完全整合的情況下，財務－行銷循環運作順暢。在科技的輔助下，這會強化行銷和財務的整合平台。圖 14.4 說明這個關係。

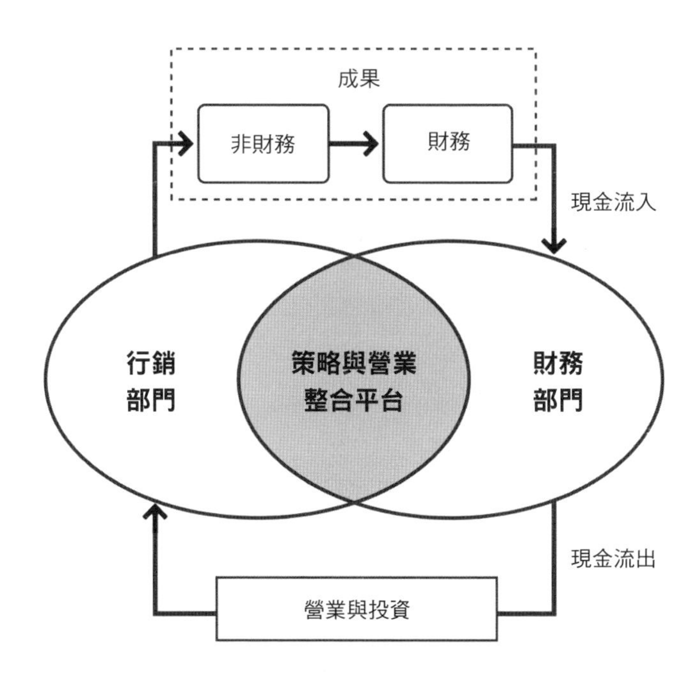

圖 14.4　財務－行銷循環簡化版

循環過程始於兩個部門設定目標和策略來實現目標，之後再進行預算分配。此外，兩個部門還概述技術或營運事宜，並且達成協議，以確保執行階段順利。兩個部門都透過整合的線下和線上平台進行所有工作。

行銷部門把預算分配給行銷營業活動與投資，針對至少 3 個要件：顧客、產品和品牌（參照表 14.3）。

表 14.3 顧客、產品和品牌的財務活動

	營業（短期）	投資（長期）
顧客	• 實體店鋪營運（店鋪人員、店鋪陳列、店鋪行政、店鋪稽核等） • 店鋪維護（電力、設施、家具等） • 線上商店管理（訂單管理、使用者體驗或介面管理等等）	• 建立全通路平台和體驗 • 建立新的實體店鋪 • 在實體店鋪裝設新科技（人工智慧、臉部識別、擴增實境等）
	• 市場研究（調查、焦點小組討論、深度訪談、民族誌研究）	• 市場開發 • 重新進行市場區隔與目標界定
	• 顧客獲取計畫	• 建立顧客資料平台（CDP）
	• 顧客忠誠計畫	• 開發顧客忠誠度平台
	• 顧客服務營運 • 售後服務	• 建立顧客關懷中心（附設聊天機器人）
	• 蒐集顧客資料庫 • 推動顧客社群計畫／網站	• 個人化和客製化平台 • 建立顧客分析流程（大數據軟體等）
產品	• 生產成本（原物料採購和製造成本） • 產品包裝 • 產品研發[9]	• 建立新的產品開發系統和設施 • 建立新的製造設施 • 產品創新（打造差異化） • 新產品專利與權利

表 14.3　顧客、產品和品牌的財務活動（續）

	營業（短期）	投資（長期）
產品	• 銷售活動 • 手冊／宣傳品製作 • 銷售人員薪酬 • 產品樣品和贈品 • 銷售人員活動差旅費用 • 電話銷售活動	• 安裝銷售團隊管理軟體（例如 salesforce.com） • 為線上商店建立新伺服器和網站
	• 銷售培訓	• 建立新的學習中心
	• 配銷／物流活動 • 倉儲 • 儲存和運輸 • 庫存管理和控制 • 通路成員關係管理（通路獲取、開發、評估和終止）	• 配銷網絡（例如新店鋪、新配銷中心、線上平台、倉庫等） • 開發新的通路系統（例如開發特許經營系統）
品牌	• 品牌聯名計畫 • 品牌大使合作計畫	• 新品牌收購
	• 開發新產品線（互補型／輔助型產品）	• 新品牌開發
	線下品牌活動： • 廣告 • 活動管理 • 促銷活動 • 直接行銷 • 社群行銷活動 • 公關 線上品牌活動： • 社群媒體行銷（Facebook 行銷、Instagram 廣告、YouTube 廣告等） • 搜尋引擎行銷 • 內容行銷 • Email 行銷	• 品牌權益提升 • 品牌擴展 • 品牌活化 • 品牌重新定位

行銷部門必須向財務部門提報營業與投資活動的實質成果。首先，行銷部門會鎖定潛在顧客或目標市場，打造產品或品牌知名度，以實現幾個非財務目標。如果市場看到清晰的價值主張、沒有亂開支票的定位、高度差異化和獲得實際解決方案的機會，這會為產品或品牌打造強大魅力，最終產生顧客忠誠度。

隨後，銷售團隊會把這些非財務成就逐步轉化為財務成果，即一步步從偏好轉換成購買興趣，甚至真的購買。現金購買會立即為財務部門帶來現金流入，而非現金購買將帶來應收帳款，之後才會轉換成現金給財務部門。假如已實現的非財務 KPI 強大，但財務結果差強人意，就會知道某個地方出了問題。兩個部門會合作找到根本原因並迅速解決。

有了實質的報酬結果，財務部門與行銷部門之間便會建立信任感，加速財務－行銷循環的運行。說穿了，行銷部門必須要把日常工作持續連結到實際價值創造，這也會反映在非財務與財務指標上。

行銷投資通常涉及無形資產，例如品牌、銷售網絡、忠實顧客與產品差異化，這些都無法記在資產負債表上。然而，這些無形資產在一定價格範圍內具有價值，這會形諸於帳面價值與市場價值之間的差異上。如果我們發現市場價值高於帳面價值，那由行銷投資創造的無形資產價值會更高。無形資產的極高價值可以用來當作指標，表明企業未來的財務績效樂觀[10]。

根據上述說明，行銷團隊不應該受限於「唯有行銷人人有責」的看法，現今財務也是人人有責，對於行銷人員更是如此。行銷人員可以理解並掌握財務用語。一旦具備這些工具，部門便可以與其他職能的同事善加溝通、出席高層主管的會議，準備好在策略對話中肩負一己之力。

因此，替行銷人員開設專門的財務課程實屬必要。這可以由教育機構提供，也可以在企業內部提供培訓。這些課程可以示範需要了解的重要比率、說明行銷如何與財務溝通，再明確指出兩個部門的整合過程。

本章要點

- 行銷部門和財務部門之間的合作可以減少摩擦，推動企業整合、促進成長。
- 行銷部門和財務部門之間的關係可以分為 5 個階段，從最初兩個部門各自獨立運作到最終完全整合，分別是完全分開（第 0 階段）、基本溝通（第 1 階段）、有限協調（第 2 階段）、全面同步（第 3 階段）和全面整合（第 4 階段）。
- 財務和行銷全面整合後，兩者間會無縫循環運作，彼此可以持續強化和提升。
- 組織內部需要充實財務與行銷知識。假如企業想要喚起員工的重視，可以舉辦內部培訓課程來教授基本概念。

Chapter 15

Google語音助理服務功能改變人們的生活

——進一步調和科技與人性[1]

現今，顧客想要預約髮廊剪髮可以透過 Google 人工智慧（AI）Duplex 語音助理服務功能。這項模擬人類語音助理的功能是 2018 年推出，已頗具人味，不但運用抑揚頓挫、適當用語，甚至還有「嗯哼」這類語助詞，顧客可能連自己在跟機器人對話都沒發覺[2]。

Google Duplex 服務已在美國等多個國家推出，讓使用者不必直接與別人互動，也讓顧客可以進行各式各樣的交易，包括預訂餐廳和線上購買電影票，預計其服務範圍在未來數年內還會進一步擴大[3]。

這個功能反映 AI 發展得有多快速，機器語音和有限詞彙的時代早已過去。這個進步也代表以往行動優先（mobile-first）的趨勢已轉變為 AI 優先（AI-first）。AI

讓科技更方便、好用又解決方案導向[4]。AI 不再被視為「冷漠」，而是可以當作人與人互動的工具。

隨著 AI 與其他技術的發展，思考人（類）的脈絡便極其重要。利害關係人會想確保這些進步在應用上符合人性化。此外，他們希望看到科技帶來實質利益，例如提高生活品質。

在第 6 章中，我們討論科技與人類之間的二元對立。在本章中，我們會檢視如何結合科技與人類，以達成更高的營收、建立更穩健的品牌知名度和提升顧客滿意度。在第 16 章中，我們會思考科技可以為員工、社會、利害關係人和企業帶來的好處。

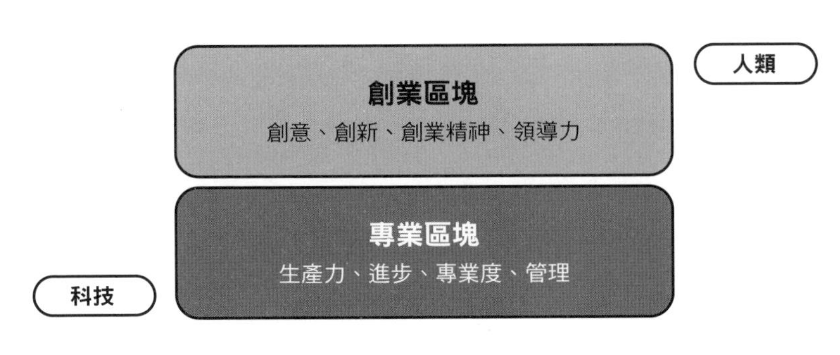

圖 15.1 全能屋模型中科技與人類的二元對立

全新層次的感受

美國趨勢大師約翰・奈思比（John Naisbitt）在 1980 年代初首次提出高科技和高感受的概念，此後相關討論就沒有停過。這個主題經常只重視顧客，當成唯一關鍵的目標。然而，還有其他要件需要考量，像是社會福祉。企業社會責任（CSR）的應用，不見得一定內建於業務流程或商業模式中。

此外，社會行銷往往忽略企業內部員工這個要件。如果我們想替人類帶來福祉，出發點就是如何對待員工。再來，我們可以專注於顧客，因為他們是企業的獲利來源。最後，我們可以想想整個社會，這對於長期永續發展十分重要。

行銷的盲點之一是忽視人（類）面向。這類情況發生時，行銷僅是企業利益的工具，完全以獲利為導向。企業「說服」廣大社群購買自家產品，而不關注員工、環境或其他利害關係人。

儘管亞馬遜（Amazon）發展得既快速又龐大，卻在員工福利方面跌了跤。在 2019 年聖誕節，亞馬遜的「快速送貨」（Faster Shipping）帶來超過 870 億美元的營收。這在股東眼中也許是好消息，但對員工卻是災難一場，因為他們只有兩次 15 分鐘的休息時間。其中一間倉儲設施工傷的報導也備受關注，導致6百名亞馬遜倉儲工人請願，要求亞馬遜改善工作條件、增加休息時間[5]。

亞馬遜還面臨與環境相關的難題。一位前員工提到，他在年度董事會上敦促亞馬遜制定氣候變遷政策[6]。亞馬遜當時在推廣各項顧客便利措施，如快速送貨、一日送貨和食品雜貨兩小時送達等服務，旺季或聖誕節等特定假日尤其如此。這些活動通常沒有衡量員工的工作量，以及眾多訂單和快速送貨對環境的影響，結果就是趕著出貨造成大量浪費與汙染[7]。

亞馬遜在回應中表示會在業務流程中推廣可再生能源的運用[8]，這類措施說不定會鼓勵其他企業效仿，進而啟動重視環境的計畫。如此一來，就會與未來數年的聯合國永續發展目標同步[9]。

在競爭對手較少的情況下，顧客有時對於企業行為的發言權不大。近年來，正如我們所討論，這些條件已然改變。議價能力從生產者轉移到消費者身上，這就是為何企業需要更以顧客為本。顧客如今更加老練、消息更靈通、教育程度更高、更難以取悅，也更常轉換品牌。有鑑於此，企業如今設法在商業模式中加入社會要件，而不是僅推行疲弱的企業社會責任計畫。

澳洲生產環保袋的業者廠商 Cassava Bags Australia 已做出成功示範，旗下生產的袋子是 100% 天然生物可分解，會在水中完全溶解、在垃圾場中腐化，或者其他環境中分解。袋子對於環境十分安全，因為無毒、不含棕櫚油，且對海洋生物無害。該企業當初的創辦理念，就是企業可以成為善的力量，而每個人的單獨行動集結起來，就有可能改變世界[10]。這些袋子不僅可以帶來利潤、保護環境，更呼應永續發展目標第 13 條的氣候行動。

在此要強調的是，每家企業其實都有社會責任，必須按照領導者訂下的價值觀擬定行銷策略。因此，科技導向行銷之於人的目標，就是透過價值觀創造價值。

Bitwise Industries 這家科技生態系企業便開發不少數位計畫，幫助缺乏服務的族群獲得基本需求。該企業建立 App 來管理食品雜貨訂單、追蹤食品配送，另外還架設一個網站幫工人媒合工作[11]，在在展現商業與社會事務整合與同步的策略。

科技導向行銷的意涵

的確，無論是 B2B 或 B2C，我們都無法分割新興的創業行銷與足以影響行銷的輔助科技。企業內部的行銷應用不再僅僅指行銷面向本身，必須是超越藩籬、強調協作，消除部門之間既有壁壘、整合既有功能。為此，科技會發揮關鍵的促進作用[12]。

為了強化科技導向的行銷方法，行銷人員可能需要走出舒適圈來認識新科技，否則可能很快就會無法與時俱進而被淘汰。舉例來說，博德斯（Borders）一度是全美第二大書店暨音樂零售商。曾紅極一時的博德斯，最終卻陷入債臺高築的窘境，原因在於他們投資其他零售地點卻未發覺顧客習慣正在迅速改變。等到進入數位時代，博德斯書店遲遲無法適應電子書和音樂串流等技術，後來因房地產投資過多、科技創新花費不足，事業也就無以為繼[13]。

展望未來，我們必須結合科技與行銷。企業想要開創先河、而不僅是追趕潮流，就應該聘請行銷科技人員；這些行銷人員懂得設計、操作必要科技來推動行銷相關工作，同時也了解科技的脈絡。這個全新類別的行銷人員可以在數位化的世界中，正視並實現行銷的應用[14]。

2020 年，全球網路使用者達到 48.3 億人，全球有超過 60% 的人口可以上網，而這個比例只會繼續攀升。預計到 2030 年，90% 的人口都能上網[15]。在手機上打廣告的比例，也料將與這些趨勢同步成長[16]。

這個機會與行銷科技的發展方向一致。行銷已愈來愈數位化，也愈來愈先進，無論是大數據、區塊鏈、Facebook 廣告或聊天機器人等社群媒體廣告工具，都讓行銷人員帶給顧客更多客製化和個人化的內容[17]。雖然不同產業的行銷效益有所不同，但許多企業（無論 B2C 還是

B2B）都使用 Instagram、TikTok 和 LinkedIn 等社群媒體平台。這些工具在科技搭配方面，有助行銷人員了解顧客的購物偏好，以及搜尋運用的具體關鍵詞。

為了讓新科技在品牌或產品上獲得最佳應用，行銷人員需要企業其他部門的支持，例如資訊科技和法律部門。企業蒐集的洞見愈多，就可以建立愈多策略；而困難不在於蒐集的資料，而是在於如何運用資料[18]。

科技導向的行銷方法不僅僅是安裝新科技，而是會透過整合部門、確立新思維影響整個企業。麥肯錫的研究顯示，數位化轉型成功的關鍵包括聘請嫻熟科技的主管、培養未來員工本領、賦能員工以新方式工作、日常工具數位化，以及透過傳統和數位方式頻繁溝通[19]。

整體來說，科技行銷的應用會對行銷管理產生深遠的影響，包括顧客、產品和品牌。

顧客管理

在科技的輔助下，企業能更妥當地管理顧客，需要著重的因素如下：

更關注社群

在全球連網的時代，我們看到社群對於企業愈來愈重要，企業藉此更加了解市場、建立關係、理解顧客、進行價值交換。與社群保持緊密的關係，無論線上還是線下，都有助於讓企業能提供優質的顧客支援服務。消費者可以彼此認識、互動，也可以與品牌互動[20]。

更脈絡化

在科技的輔助下，企業可以也應該以一對一的方式管理顧客。只要顧客上網，企業就可以隨時隨地與顧客互動。企業也可以提供個人化服務，反之亦然，即顧客可以根據自己的偏好量身打造產品和服務。

AI 的互動可以提供更高品質的顧客體驗和強大參與度，方法之一是透過聊天機器人等數位平台實現。舉例來說，全球支付技術龍頭萬事達卡推出聊天機器人，主要用於顧客線上諮詢，可以回答帳戶餘額、理財工具和交易紀錄等相關問題[21]。

內容行銷將發揮更重要的作用，主要透過娛樂滿滿、鼓舞人心、具教育意義和說服力強的社群媒體平台。這種途徑可以打造知名度、產生興趣並提升顧客宣傳，也可以引導顧客發現資訊、進行購買並繼續使用產品和服務。

顧客的真實見證、案例研究和內容，是獲得顧客信任的關鍵。這通常稱作「社會認同」（social proof）。我們可以運用顧客自己張貼的內容，發布在社群媒體上，讓社群進行討論、分享對產品的誠實看法。因此，每個人都會更容易找到更多實用資訊與朋友分享。這個平台還可以讓行銷人員獲得產品回饋，或檢視行銷策略是否奏效[22]。

透過顧客生成內容，企業可以與顧客直接接觸，有助於使品牌在顧客社群中獲得認可。最終，正面的體驗將與品牌的可信度產生共鳴，便可能帶來顧客回購、提升顧客留存率。內容愈符合顧客的真實生活體驗，就愈容易獲得顧客滿意度[23]。

更務實的定位

顧客和社會大眾有更多方法來判斷一家企業是否信守承諾。他們是價值和目的導向，願意改變購買模式來支持某個理念。他們遵循「信任但要確認」的原則，不單只會檢查包裝上的資訊。正如 IBM 在 2020 年的研究顯示，高達 75%的顧客即使已信任某個品牌，仍會在購買前多方做好功課[24]。

由於顧客變得更聰明，對我們企業瞭若指掌，因此常常會看到顧客之間出現對於企業定位的「共識」。因此，企業必須確保承諾與現實同步。顧客和一般大眾會知道宣傳資訊是否包含真相，這正是建立顧客信任的基礎。

Zara、H&M 和 M&S 等快時尚品牌正在推出綠色和永續服飾系列。2019 年，H&M 推出名為「Conscious」全新環保服飾系列，成為這波趨勢中的重要業者[25]。該企業宣稱使用更永續的原料，例如有機棉和回收聚酯纖維，協助減少環境浪費。然而，顧客開始深入研究這項主張，並發現其實會誤導消費者，缺乏現有證據支持。這個現象就是我們常說的「洗綠」，即透過錯誤資訊打造企業產品更加環保的假象[26]。

2021 年 8 月，關心氣候的社運人士在英國一家 H&M 分店櫥窗內靜坐抗議，因為櫥窗貼出的海報上宣稱該品牌是「生態戰士和氣候聖戰」。這些人士在表達自己不滿 H&M 運用廣告噱頭，但實際銷售的產品卻有落差。由洗綠掀起的反彈聲浪顯示，顧客收到品牌定位相關資訊時，比起以往具備更強的思辨能力[27]。

產品管理

為了跟上客製化和個人化的趨勢，管理產品及相關事宜愈來愈具挑戰性。企業最好採取以下各節說明的行動來站穩腳步：

發展真正差異化

解決方案的平台對於鞏固差異化非常重要，可以用來打造認定機制。舉例來說，麗池卡登飯店（Ritz-Carlton）

品牌以「黃金標準」聞名於世，奠定其文化和服務的基礎，而經營哲學「我們以淑女紳士的態度為淑女紳士服務」更是與客人與同事的待遇息息相關[28]。這項的服務搭配常客方案，讓麗池卡登成為世界頂級飯店，提供客人奢華又高品質的住宿體驗。

組織也可以認清自身企業DNA，發展出真正的差異化。組織必須向顧客傳達這些特點，而這些要件需要因應潮流，這樣顧客肯定後才願意埋單。接著，解決方案平台也應該反映這類真實。

重塑行銷組合

企業可以拓展機會，多加運用顧客意見來改進產品開發。在不同科技平台上提升顧客參與共創過程，可以實現客製化、降低企業的研發成本與產品失敗率[29]。舉例來說，星巴克架設「我的星巴克點子」（My Starbucks Ideas）平台，專注於顧客想要的內容，並蒐集有關產品、店內體驗以及企業參與社會議題的想法[30]。該平台供顧客分享想法、討論他們希望看到的進步，而這些意見有助星巴克推出新口味、所有店面都提供無線網路，甚至促成手機App的開發[31]。

消費者價格總是不斷變動，類似於貨幣匯率。企業無法再如過去一樣，單方面設定、固定價格，而是要與顧客共同確定價值。Uber 基本車資通常低於計程車，但會按照不同變數（例如時間和距離、交通和乘客對司機的需求量）波動。這些資訊讓顧客能評估車資，決定搭乘費用是否合理[32]。

促銷的本質一定是雙向，才能與關係愈發橫向的顧客產生對話。舉例來說，Paradigm Life 這家總部位於美國的銀行暨解決方案供應商，推出互動式財務知識測驗，讓顧客檢測自我財務專業程度。如果顧客得分不高，就會下意識認為自己需要 Paradigm 的服務[34]。

翻新銷售通路

銷售應該要利用全通路本領，以解決方案為本。實體企業也必須有線上通路，反之亦然（參照圖 15.2）。

在圖中，「webrooming」指的是消費者先上網做好功課，再到實體店面購買產品；而「showrooming」則是指顧客先在實體店面試用產品，再上網購買[35]。全通路銷售流程努力滿足顧客喜好、積極吸引顧客參與。在科技的輔助下，銷售人員可以更全面和準確地了解顧客的個別需求、提供解決方案、透過透明的交易流程完成銷售。

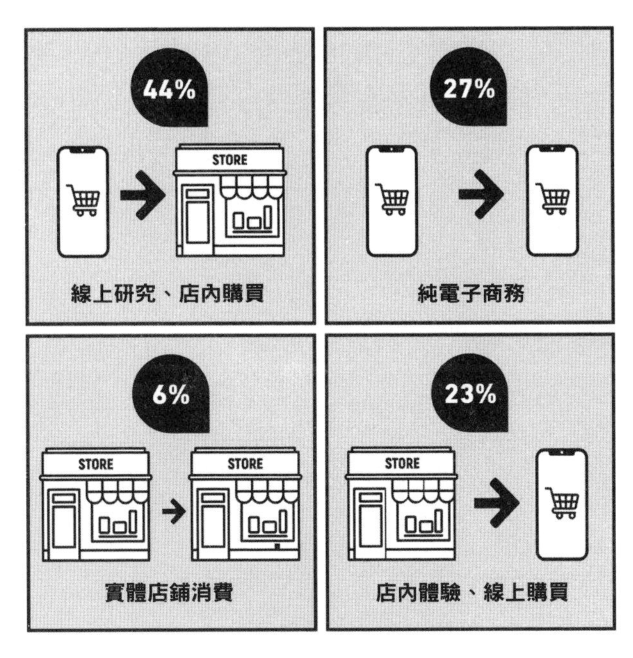

圖 15.2　實體數位生活模式[33]

品牌管理

為了更加人性化地引導顧客，組織應該把品牌管理的方向，定位為在品牌認同和資訊中展現人味。為此，企業可以在傳達品牌訊息時，遵循以下原則：

塑造強烈個性

使用能模仿人類特質的科技變得更加重要。管理階層必須塑造強烈的品牌個性，最好活生生得像人一樣。二十多年來，運動品牌 Nike 的標語「大膽去做」（Just Do It）一直出現在產品上，簡單、直接、衝擊又具競爭力。Nike 還利用相同原則來激勵女性在運動上的自我賦能。該企業認為，這句標語不僅僅是口號，更是理念[36]。

帶來關懷感

科技可以幫助打造更主動的顧客關懷方法。分析工具可能會揭露顧客的共同痛點和需求。根據分析結果，就可以調整處理情況的方式。

2018 年，Spotify 取得語音辨識技術專利，該技術懂得觀察使用習慣與模式，這讓企業能把語音辨識與其他資訊（例如先前播放的歌曲）兩相結合，接著便能推薦新的歌曲給使用者[37]。

開放協作

部分互動流程可以與顧客協作、讓他們自己完成，這個概念有點類似外包。在這些流程中分配角色，讓顧客成為企業不可分割的一部分。這樣一來，企業也能在特定的數位商業生態系中，與多個合作夥伴展開協作。

新加坡航空透過自家官方網站、手機 App、自助報到機台或報到櫃台，為乘客提供不同線上報到流程選擇。此外，在樟宜國際機場的特定航廈，旅客可以利用自助行李託運服務，在自助機台列印行李標籤、貼上標籤，再按螢幕上的說明把行李放在輸送帶上[38]。這項方法讓乘客不必排隊，同時也減輕新航地勤的負擔。

透過協作，企業邀請顧客參與價值創造過程。顧客可以掌握自己需要的產品或服務配送所有階段。舉例來說，顧客在等待外送時，通常想知道自己的餐點到哪了。如今有追蹤系統，他們就可以觀察進度、準備領取餐點。

整體來說，科技和正確的行銷策略可以對相關各方產生正面影響（參照圖 15.3）。科技導向的行銷可以落實更好的顧客管理、產品管理和品牌管理。在第 16 章中，我

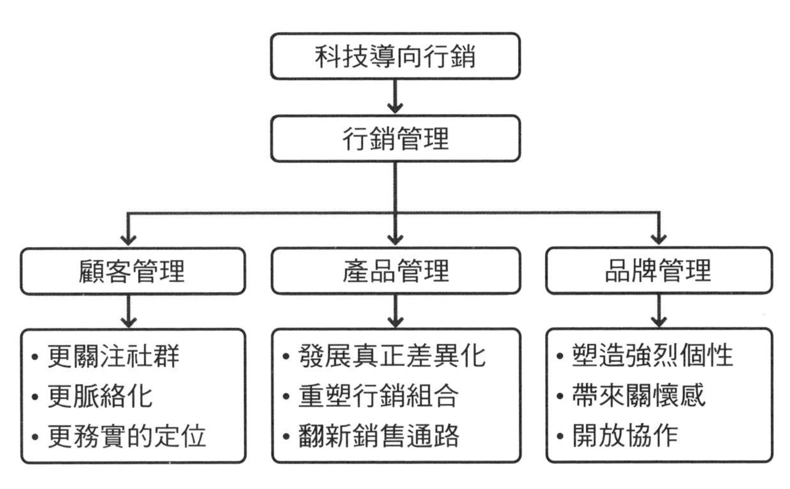

圖 15.3　科技導向行銷對於行銷管理的意涵

們會探討進一步整合科技和人類這兩大力量，所帶來的其他好處。

本章要點

- 科技可以用於行銷，帶給員工更高層次的感受，努力改善社會以創造永續。
- 科技導向的行銷對顧客管理有以下正面意義：更關注社群，方法更脈絡化、開發務實定位。
- 就產品來說，科技可以用於行銷來發展真正的差異化、重塑行銷組合、翻新銷售通路。
- 行銷和科技結合後，可以活化品牌個性、帶來關懷感以及開放協作機會。

Chapter 16

亞馬遜、沃爾瑪的科技實驗

——綠色科技、人本思考才是長久之道

如果我們使用的科技可以造福全人類、顧客和社會，就會視其為服務人類的科技。這樣的科技不僅僅是高感受，而是更進一步的親和力，因為全面滿足所有利害關係人的觀點與更廣泛的意涵。因此，本書討論的科技不包括技術細節，而是企業如何使用科技，以及科技伴隨而來的影響。在本章中，我們會探討科技如何服務大眾、顧客和利害關係人，再檢視科技對企業的影響。

服務人才的科技

企業可以利用科技協助人才提升工作效率，而確切要運用的科技取決於產業。在下文中，我們會探討可以提升

勞動生產力，同時兼具人性化的科技。

薪酬管理軟體

薪酬相關數位工具有助企業管理薪資。所有薪酬都詳列在儀表板上，按照員工業績進行調整。企業採用的政策要善加分配既有預算、公平對待旗下員工[1]。

Capterra 這家線上交易市集業者，運用 Paycom 來管理員工，這項方式得以協助新員工到職、處理休假申請並追蹤人資任務。這些解決方案也支援靈活排程，進而提高生產力[2]。

雲端運算

雲端運算讓員工能透過雲端連接中央伺服器來查看文件、資料和其他功能。因此，一般人可以遠距工作[3]。雲端運算還提升透明度，同時加強企業各部門之間的協作[4]。

在一項調查中，55% 的受訪者認為，雲端運算資料可以實現協作上的突破。此外，64% 的受訪者表示，雲端運算協作工具有助更快執行業務。此外，58% 的受訪者（其中 90% 是領導者）同意雲端運算可以改善業務流程[5]。

協作平台

協作平台促進人與人在虛擬工作時的交流，可以輕鬆共享文件並交換資訊。隨著愈來愈多的員工遠距上班，協作工具的重要性不可同日而語。

資料分析工具

資料分析工具讓我們按照特定演算法來處理資料，以回答正在發生的事（描述型）和背後成因（診斷型）。這些工具可以根據歷史資料進行預測。舉例來說，亞馬遜蒐集顧客瀏覽資料，用來提供使用者精準的推薦。顧客搜尋次數愈多，亞馬遜就愈能預測他們的消費需求、提供推薦。分析工具還按照使用者資訊，與其他相似的使用者檔案進行比對，亞馬遜便能再推薦相似使用者所購買的產品[6]。

擴增實境和虛擬實境

擴增實境（AR）和虛擬實境（VR），統稱為混合實境（MR），是減輕大眾工作負擔的新興科技[7]。AR 可以直接在平板電腦或智慧型手機上使用，不像 VR 一樣需要額外的耳機或主機。這項科技可以用在教學，像是模擬醫療檢測設備 CAE Healthcare，就使用相容的獨立全像攝影電腦（Microsoft HoloLens）來訓練醫師，並在 3D 環境進行複雜的醫療手術[8]。

3D 列印

3D 列印也稱作積層製造，可以透過逐層製作過程製造 3D 實物，應用於各式各樣的產業，包括建築、汽車、時尚和醫學產業。3D 列印可以製作假骨骼、關節和頭骨板，而且往往是客製化。美國有超過一百種植入物和臨床裝置由 3D 列印，也獲得食品藥物管理局（FDA）的核准[9]。

企業若是按照傳統方法，開發產品時會製作基本實物模型，再寄給專業的原型開發人員。來回寄送設計與原型的過程頗花時間。但一旦運用 3D 列印，這個過程就更有效率。舉例來說，ABB 工業機器人（ABB Robotics）運用 3D 列印技術，成功把原型時間從 5 週縮短到 1 小時[10]。

機器人／自動化

製造業等部分產業，長期以來一直在製程中運用機器人。許多人認為，機器人有助人類以符合人體工學的方式完成工作，並帶來更高的安全性和生產力，所以乏味的工作可以留給機器人自動完成[11]。

機器人技術可望達成當前艱難的目標，即實現高生產力、高成長率、卓越又一致的產品品質。然而，我們不能排除濫用導致劣化的可能性。在亞馬遜的倉庫中，導入自動化管理系統來監視員工的工作速度，還按照每小時處理的貨物數量給予評等。員工表示，他們被迫不停工作，否則會因為動作太慢而丟了飯碗。工作環境愈來愈糟糕，2018 年就有將近 10% 的全職員工遭受嚴重工傷[12]。

工業物聯網

工業物聯網是現今所謂工業 4.0 的本質，其應用實現了機器對機器（M2M）通訊、自動化和無線控制。運用工業物聯網的產業包括汽車、醫療保健、製造、運輸、物流和零售業，這些產業都可以受惠於物聯網[13]。

有鑑於此，企業員工將享有以下優勢：

職場品質：員工能專注於價值創造過程中，科技無法處理的問題。Intel 進行的一項調查顯示，超過三分之一的受訪者表示，公共安全、醫療照護和運輸的物聯網解決方案已落實在社群中或準備推出[14]。

成本效益：科技有助企業降低營業成本、增加利潤。在製造業，物聯網監控設備，並使用預測型應用程式來降低維護成本[15]。奇異公司（General Electric）預計藉由物聯網，在 2026 年前創造約 19 兆美元的利潤與成本節省[16]。

更大彈性：科技讓工人在提高生產力的同時，具有更大發言權決定自己的工作條件。空中巴士（Airbus）在西班牙所有據點實施物聯網，簡化生產流程。空中巴士大多數飛機零件現今都已裝配感測器，可以即時監控飛機動向，讓員工能遠距又符合效率地檢查是否有故障和維修需求[17]。

服務顧客的科技

運用科技的主要目的是讓員工更人性化，到頭來員工也能讓顧客更人性化。然而，企業也可以運用這些科技，直接帶給顧客人性化的體驗，而不是剝削顧客。以下是可以提升顧客生活品質的數項技術：

顧客資料平台（CDP）

只要有多個系統可存取的整合型資料庫，便可讓企業在不同接觸點理解顧客。消費者可以獲得符合需求的個人化產品服務。舉例來說，線上音樂分析網站 Next Big Sound 設法從 Spotify 串流播放數、iTunes 購買、SoundCloud 播放數、Facebook 按讚數、Wikipedia 線上訪問量、YouTube 點閱數與 Twitter 提及數等資訊，預測音樂圈接下來的大趨勢。該業者的調查提供寶貴的洞見，可以看懂社群媒體名聲、電視曝光率影響，與音樂產業極為珍視的資料[18]。

線上支付系統

電子支付正在逐漸取代傳統的現金支付。實際上，我們正在邁向無現金社會，愈來愈依賴數位科技驅動的電子金融交易，這些科技都需要網際網路。而線上支付的發展也與線上購物和網路銀行的趨勢同步。

聊天機器人和虛擬助理

我們已討論如何把 AI 當作虛擬助理。這類機器人可以協助使用者執行多項任務，包括快速準確地回答問題、指出前往某地的路線，甚至致電餐廳或髮廊訂位。

例如，Sephora 這家美妝零售龍頭運用聊天機器人來改善顧客體驗。Sephora 預約助理（The Sephora Reservation Assistant）向聊天機器人發送訊息來預約美妝師。Sephora 還配備智慧學習科技，藉以了解顧客語言、進行更多互動溝通[19]。

物聯網

物聯網把日常實體物件與網路連結，實現智慧生活。我們可以透過智慧型手機，控制家電或裝置。Alexa 和 Siri 則可以回應語音指令。

塔塔顧問服務公司（Tata Consultancy Services）是全球 IT 服務、諮詢和商業解決方案龍頭，他們透過物聯網遠距監控游泳池，讓業主遠距控制游泳池設定、改變溫度和照明。顧客可以使用該系統聯絡支援團隊。假如遇到問題，工程師就會遠距解決問題[20]。

社群平台

這個工具可以成為許多人的資訊中心，消費者尤其如此，例如嬌生集團（Johnson & Johnson）BabyCenter 就成為社群平台，讓新手媽媽可以討論懷孕和育兒經。該平台有許多功能和資訊滿足她們的需求，例如寶寶名字建議、換尿布教學等。BabyCenter 還能視顧客所在國家／地區的語言，開設不同網站[21]。

品牌可以運用線上社群平台，建立更開放、更橫向的互動來加強顧客參與度，甚至可以包括影片和遊戲化。這類參與讓企業更了解顧客、獲取改進產品和服務的意見。

擴增實境和虛擬實境

AR 和 VR 的使用會造福許多市場區塊的顧客，像在時尚產業借助 AR，顧客便可以在「現實世界」中看到商品，這提升他們對購買過程的信任。在餐旅業中，飯店可以讓顧客虛擬參觀客房；旅遊業者可以在遊客預訂行程時，提供觀光景點的範例[22]。

臉部辨識

臉部辨識技術是透過生物辨識技術，即時或透過照片、影片來確認個人身分[23]。Apple 使用臉部辨識來驗證與 Apple ID 相關的付款，這項功能有助於在 Apple 環境中進行的付款機制安全無虞，也提供臉部辨識來自動填入密碼以提高效率[24]。

這項技術已普遍應用於銀行業的數位交易中。美國約有 1.1 萬家金融機構使用臉部辨識來驗證顧客。這通常適用於單次交易，例如登入帳戶。這類使用者友善系統也許能提升顧客忠誠度[25]。

幸虧有這些技術，顧客可享有更多正面的體驗：

更強的顧客感受：獲得更多個別關注的人會感到自己受重視，像是提供即時客服，而不僅是常見問題頁面。每位顧客都需要快速的解決方案，而我們可以藉由強化客服來實現這點。聊天機器人等自動化系統，有助於深入分析顧客的常見問題[26]。

更有價值的產品：透過了解顧客，行銷人員和企業可以適時滿足顧客需求。如果企業能維持這點，就能對顧客終身價值產生正面影響。

無縫的顧客體驗：根據顧客的期望，在不同接觸點，讓顧客於數位或實體上獲得資訊與互動，便可能贏得顧客的青睞。一項研究指出，73% 的顧客認為優質的體驗是影響他們對品牌忠誠度的關鍵[27]。

服務社會的科技

組織不能忽視良善的美德，藉此維繫在地社群的福祉。因此，企業必須把投資分配給對社會最有利的科技。這類科技通常是指環保科技，包括以下面向：

綠色材料

企業愈來愈頻繁使用更環保的材料，有些天然、有些人造，目的是減少生態系中的有害廢棄物，以免危害社會、引發健康問題。舉例來說，淨七代（Seventh Generation）過去 30 多年來，始終販售個人護理和嬰兒護理等生態友善產品，宗旨是打造更健康、永續又平權的世代。淨七代認為，我們不僅對這個世代有責任、更對接下來 7 個世代有責任。因此，該企業只使用植物萃取的產品與可回收的包裝[28]。

除了造福社會，企業還可以降低針對環境有害廢棄物的處理成本。有害廢棄物由生物可分解的物質所取代。丹麥卡倫堡市（Kalundborg）推動產業共生，評估每家企業的廢棄物價值。產業共生模式所製造的廢棄物數量通常近乎於零，不僅有助於環保，也能減少企業的廢棄物處理成本[29]。

綠色製造

在製造過程中運用回收材料，也符合社會大眾對於環境與日俱增的關切。此舉可以減少廢棄物堆積，把垃圾變成有價值的產品。企業的回收政策優點包括減少土壤汙染、水汙染和空氣汙染。

雅詩蘭黛（Estee Lauder）全球環境暨安全（EAS）團隊，大力推動廢棄物減量。自 2003 年以來，旗下擁有超過 20 座製造與配銷設施宣稱，已沒有任何廢棄物運送至垃圾掩埋場。無法再利用的任何廢棄物一律焚燬、轉化為能源[30]。

除了符合社會利益，回收材料還可以替企業節省大量成本。該政策會減少對原物料的需求，從而降低能源使用。舉例來說，聯合利華（Unilever）推廣「再使用、填充、再思考」（Reuse, Refill, Rethink）的理念，目的是鼓勵顧客重新填充瓶子（使用補充包）來減少塑膠廢棄物。在這樣的宣傳下，聯合利華減少生產新塑膠瓶的需求，進而降低塑膠瓶的生產成本[31]。

落實當前的回收政策已不再足夠，企業正在提高標準，推動多項措施讓營運過程中，也能使用可再生能源，產品製造過程尤其如此，而這項政策還可以減少從非潔淨能源所產生的汙染物。

製造體系幾乎部門都會使用電力。美國至少有 29% 的碳足跡來自電力部門，其中主要是以化石燃料發電。我們發現，每項資源產生的排放量有所差異。發電用天然氣每千瓦小時釋放約 0.6 到 2 磅的二氧化碳；風電和水電等可再生能源每千瓦小時釋放 0.02 到 0.5 磅的二氧化碳[32]。

藉由落實綠色科技，即使企業推動這項政策，也不代表社群中每個人都會購買產品，但顧客仍然可以因企業而受惠。他們獲得以下好處：

環境品質提升：科技有助打造更宜居的社會環境，因為空氣、土地和水都更乾淨，可以有效預防健康惡化。

社會成本降低：社會大眾愈來愈健康，將降低政府的社會成本負擔。燃煤或天然氣發電廠釋放有害氣體；每年美國為了因應野火、洪水和保險成本的負面影響，累積花費了數百億美元的稅收。企業開始使用綠色科技、減少對環境有害的影響後，政府便能把這些資金分配給其他要務[33]。

內建 CSR：CSR 相關計畫不再與企業業務流程分開看待。企業應該把 CSR 計畫視為不同價值創造過程密不可分的部分，讓社會大眾看見。荷蘭皇家殼牌（Royal Dutch Shell）便是內建 CSR 的石油暨天然氣業者。殼牌的 CSR 是扶持年輕人培養創業能力，把商業思維推廣為永續事業。殼牌也給予這些年輕人機會來參與培訓課程、研討會和師徒制度[34]。

對企業的影響

前文針對科技相關的討論，已提到對於企業三類利害關係人（人才〔員工〕、顧客和社會）的多重影響。接下來的問題是，這對於企業本身有什麼影響？對於股東又有什麼影響？

我們會運用圖 16.1 造福人類的科技模型來回答這個問題，反映科技能發揮猶如催化劑般的重要功用。

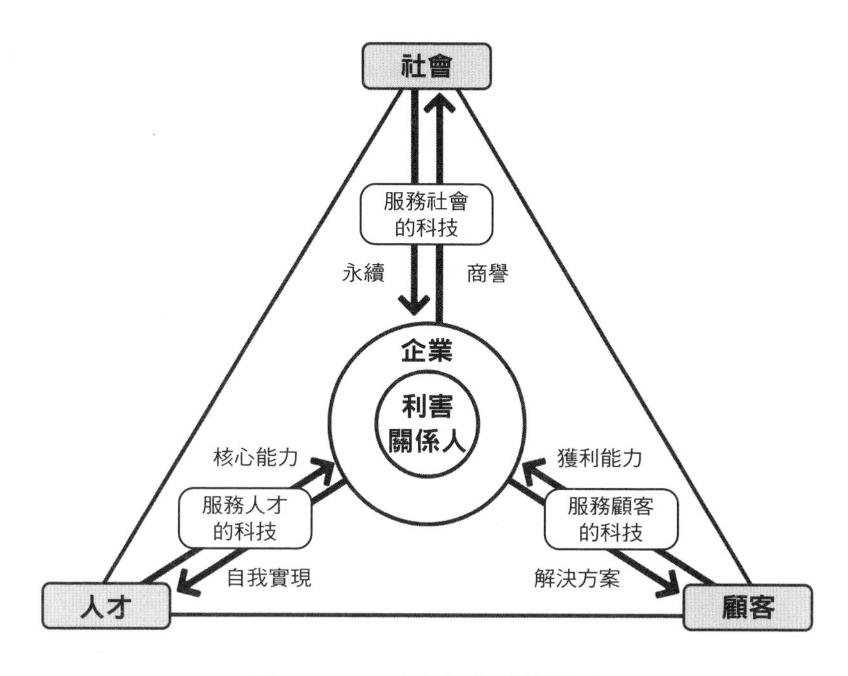

圖 16.1　服務人類的科技模型

- **自我實現與核心能力**

企業運用科技來服務民眾，便可以幫助員工自我實現，而不僅限於金錢報酬。改善職場品質的科技會提升生產力，讓員工亟欲貢獻自己的關鍵才能。

- **解決方案與獲利能力**

企業可以使用科技，來為顧客提供產品和服務以外的解決方案，科技能讓顧客享有優質的消費體驗，從而讓企業成為消費偏好的選項，創造獲利能力。

- **商譽與永續**

民眾會把企業視為值得敬佩的商業組織。企業靠著環保科技，可以展現對於當地社群福祉的關心。如果這個商譽眾人皆知，民眾就會肯定企業、給予支持，這有助於確保企業永續經營。

Google 除了是最創新的職場，向來也以環保聞名。該企業資料中心與世界上其他資料中心相比，節省 50%的能源。Google 還耗資超過 10 億美元在可再生能源相關專案，旗下服務（例如 Gmail）也有助減少紙張的使用[35]。

如果一家企業能容納人才、受到顧客青睞、獲得社會的高度敬重，就會取得利害關係人的尊重與支持。還有比這個更棒的事嗎？三大利害關係人會成為企業進步的動力。最終，企業行銷的目標將是為了社會整體利益。

在服務人類的科技模型中，三大要件之間的循環值得玩味，即核心能力、獲利能力和永續性（簡稱 CPS），正如圖 16.2 的 CPS 循環所示。

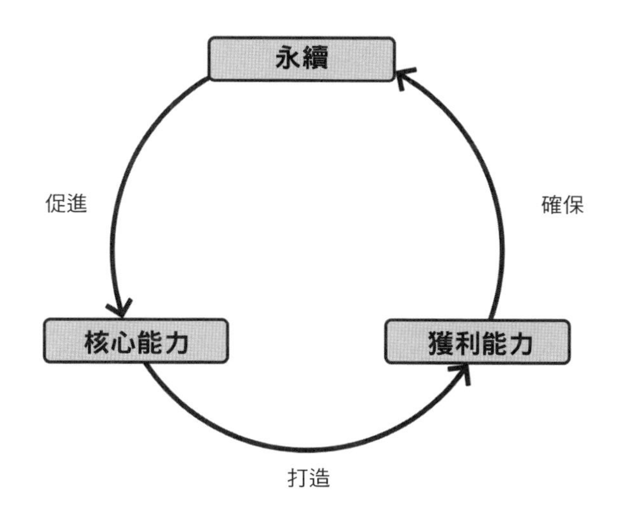

圖 16.2 服務 CPS 循環

重要核心能力（甚至是獨特能力）讓企業能在競爭中脫穎而出。優異的表現會讓企業實現預期中的獲利能力。如果企業善待顧客（當然包括其他利益關係人），長期下來就能維持、甚至提升獲利能力；而如果企業始終能維持獲利能力，就能確保自己永續經營，從而有機會發展更高層次的核心能力。問題在於，你要如何維持企業的獲利和永續呢？

我們回顧一下沃爾瑪（Walmart）這家具有 60 年歷史的老牌企業。沃爾瑪執行長道格・麥克米倫（Doug McMillon）曾表示，沃爾瑪仍在打造具體本領，而且積極又迅速地求新求變。沃爾瑪的供應鏈管理強大，支持其成本領導的主張。此外，沃爾瑪在各方面幾乎都運用科技，包括自動化、配銷中心與客服互動。沃爾瑪更成功實現規模經濟，進行多角化經營，認為光靠零售無法在未來生存[36]。

此外，沃爾瑪對於環境制定扎實的計畫，目標是在 2035 年前 100％使用可再生能源、2040 年前讓碳排放歸零，希望在 2040 年前的過渡期，暫時以低衝擊冷煤和電力設備當作冷暖氣機使用[37]。

沃爾瑪不斷在創新，以建立其敏捷度，同時運用正確策略打造競爭優勢來維持獲利能力，成為永續經營的企業。因此，沃爾瑪很適合用來說明 CPS 循環。

企業始終都應該關注 CPS 循環中所有要件，以建立良性循環。如果任何一個要件受到干擾，企業就會被困在惡性循環中。如果企業要建立良性循環，就必須透過科技帶來的互動和整合，贏得所有利害關係人的青睞。企業必須證明，科技真的是為了服務人類所設計。

展望未來，所有企業都應該好好思考科技的意義，用來追求所有人的福祉。首先，員工會覺得受到肯定、也有能力提高生產力；整體社會受惠於應用得宜的技術；利害關係人則會重視懂得回饋環境的企業。只要企業踏穩腳步、放眼未來，就可以持續推動良性循環。

本章要點

- 企業可以使用科技來精進人才管理，工具包括薪酬軟體、雲端運算、資料分析、虛擬實境和擴增實境、3D列印、機器人／自動化與工業物聯網。
- 改善顧客生活品質的技術有顧客資料平台、線上支付系統、聊天機器人和虛擬助理、物聯網、社群平台、擴增實境和虛擬實境、臉部辨識。
- 就整體社會來說，科技使企業能落實綠色材料和綠色製造的計畫，進而造福所有人類與地球。

Chapter 17

半導體的王者台積電如何煉成？

——營運與商業環境的極致平衡

台灣積體電路製造公司（TSMC，以下簡稱台積電）專注於按照顧客設計需求來生產半導體，這個營運方法稱作「台積電之道」。這是由兩大面向組成：首先，台積電把來自 1 千位顧客的訂單分配給所有工廠，以實現特定的效率水準（運用規模）。其次，台積電在生產這些訂單時，運用獨特的模組化設計，讓企業能動態分配產能來完成這些訂單[1]。

此外，台積電還推出「晶圓共乘」這個晶片設計驗證暨測試工具的服務，滿足顧客的臨時需求。藉由遵循台積電之道，台積電可以在堅守固化的製造營運原則之下，同時又滿足緊急的訂單。這背後是智慧製造的原則，即運用機器學習輔助的製造流程，應用於精進品質、生產力、效率和營運彈性、最大化成本效益與加速整體創新[2]。因此，台積電能因應各式各樣的市場需求，以及全球顧客五花八門的產品條件[3]。

台積電能在固化流程與顧客愈來愈需要的彈性之間取得平衡，因此才能成為全球最大的半導體製造商，發揮全球供應鏈中的關鍵作用，知名顧客包括 Apple 和 AMD[4]。

在本章中，我們會討論全能屋模型中間的要件：營運。這是商業策略十分吃重的要件（參照圖 17.1）。一方面，日常營運必須能順利進行、不受重大阻礙影響；但另一方面，營運也必須能跟上動態的商業環境。

營運這項要件會直接影響企業利潤，因此改善營運面非常重要，以提升企業效率、降低成本、直接影響損益表

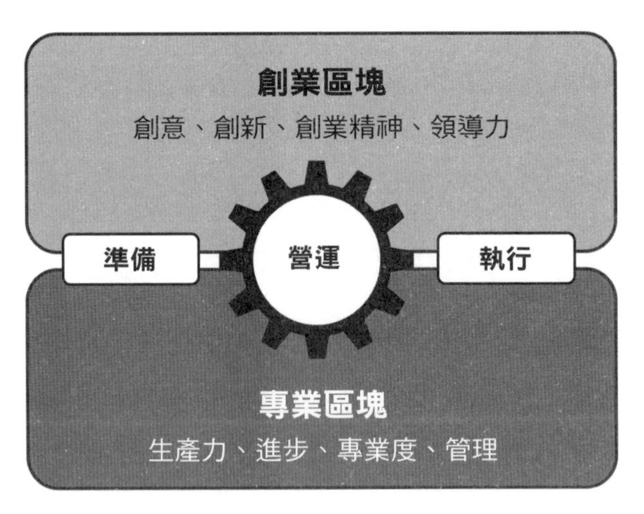

圖 17.1　全能屋模型中的營運要件

中的營益率。生產、配銷、銷售到服務等整個營運流程的優勢大小，會取決於企業的營運能力。

營運還可能影響生產力，即輸入和輸出，因為假設其他企業有類似產品，強大的營運能力可以把相同數量的資源輸入，轉換成更高的輸出。營運必須設計成讓一切能無縫運行，從準備到執行都暢通無阻。營運的重點應該在於盡量高效率利用企業現有資源，來生產最高品質的產品和支援服務，同時又保持一定的彈性。營運要件也是行銷（著重損益表上方的銷售額）和財務（優先考量損益表的淨利）之間的中介。

固化本屬自然

固化隨處可見，通常會在新創企業的營運業務較成熟後形成。在這個階段，企業可能會安於例行公事和固定系統，可能會發現維持現狀很自在。讀者可以回頭複習一下第 6 章，以下小節則詳細說明經常導致固化的因素。

創業思維薄弱

創業思維是指彈性地因應各種障礙和決策過程。假如情況沒有發生，企業可能會變得失去靈活度而失敗。

舉例來說，CD暨DVD業者HMV在2018年倒閉（2019

年被收購）。在關門大吉之前，HMV 曾有機會因應日後成為威脅的三大趨勢：平價超市、線上零售商和數位音樂下載。但 HMV 對此不以為然，繼續日常業務，直到 1990 年代末期才開始投資網路活動，但為時已晚[5]。

創意與創新停滯

企業成立初期通常充滿熱情、富有創意，而且時時刻刻準備創新。過了一段時間後，出現許多例行公事、創意慢慢消退。團隊成員避免提到「敏捷」與「適應」等詞彙。此時，企業內部就出現固化。

忽視競爭

企業可能會被自身的成功所矇蔽，但現有競爭對手和新進業者仍持續爭奪最佳市場地位。這樣的自滿態度通常會導致企業停滯不前。遺憾的是，往往只有在企業開始遇到危機、陷入死亡螺旋陷阱時，才會注意到這件事。

不把顧客放在心上

獲得眾多顧客的企業經常會忘記，這些顧客不見得會保持忠誠度。管理階層也可能會以為，即使現有顧客離開，找到新顧客並不困難。這樣的看法和態度往往是固化階段來臨的前兆。

未能翻新商業模式

動態的商業環境會影響企業做生意的方式。在經營多年之後，組織通常需要檢視既有商業模式是否依然可行。可惜的是，組織通常緊抓著過時制度，不願意進行變革。

忽視總體環境變化

總體環境中的要件變化迅速，通常難以預測。如果企業不關注這些趨勢，可能就會錯過新的機會，也可能無法察覺策略轉向、改變的警訊。

科技與利害關係人：善用工具來提升價值

部分企業在採用數位模型和工具時腳步緩慢。部分企業固然投入大量資源，卻未考慮組織的整體目標和策略；部分企業運用數位工具，但未考慮未來可能需要的改變。在這些情況下，僵化導致企業忽視可能產生利潤的關鍵數位工具。

價值鏈並未過時

有人說，麥可・波特（Michael Porter）在 1980 年代中期發展的價值鏈概念已不再適用。這個概念問世的時代，尚未有連結全世界的數位化環境。因此，當一切愈來愈數位化，價值鏈的概念就失去效用。

然而，數位科技的發展讓我們能簡化、合併甚至消弭一些不需要的次要要件，以便省略工作或外包給合作夥伴。因此，企業可以避免推行加值效益不高的活動。這會加速從創意發想到商品化的進程、降低成本、提升有形和無形資產的利用。

舉例來說，WhatsApp 與俄羅斯一支 IT 團隊簽約，把工程師的工作外包，之所以做出這個決定是因為 WhatsApp 初期的起始資金非常有限，請不起美國的工程師。他們決定到國外尋找有才華的工程師，以獲得更具競爭力的人才[6]。這個計畫讓 WhatsApp 成功經營下去，直到 2014 年由 Facebook 收購。這也簡化了 WhatsApp 的營運管理，同時支持其競爭優勢。

價值鏈滾動調整

根據上面的說明與例子，可見只要企業繼續調整其價值鏈的各個面向，價值鏈概念就不會過時，依然與時俱進。所有主次要件必須完全數位整合，同時又依然可以模組化工作。企業也必須有勇氣確定，最終自己會實施哪些活動——稱作核心活動——與哪些活動應該委託合作夥伴。

在當前的商業環境中，大小企業有時都需要外包。外包常見原因之一是要降低成本，另一個原因則是外包系統對小企業有利。對於新創企業，外包計畫有助內部團隊產能達到極限時，日常業務維持正常進行[7]。

企業有了更簡明的價值鏈，就可以專注於創意和創新等領域來提升產品品質，同時降低不必要的成本。藉由打造效率更高的價值鏈，企業便可以加速交貨過程，即使是客製化產品也是如此，而支援服務可以成為價值鏈中打造差異化的基礎。

供應鏈更加重要

在這個數位化時代，強大的供應鏈——包括上游（供應方）還是下游（需求方）——愈來愈重要。隨著供應鏈要件彼此連結愈發緊密，企業可以與供應方共享資訊以保持彈性。上下游合作夥伴好好協調，有助企業在供應鏈流程中實現高效率，可以滿足反覆無常的顧客需求，不論是 B2B 還是 B2C 皆然[8]。強大的供應鏈整合會引發僵化，同時讓企業有彈性能因應市場動態，也讓供應商能快速適應來滿足需求。

整合和策略彈性

企業與供應鏈整合後，能讓企業具備策略彈性。企業可以利用資源和營運活動，更敏銳地感知外部變化、擬定必須採取的行動。然而，企業不需要具備所有資源，可以外包部分營運業務。

企業可以專注於自身核心能力，其餘都可以外包。企業也可以專注於核心能力相關的活動，甚至打造獨特的本領。這符合數位時代愈來愈流行的「共享經濟」理念，讓各方可以在特定的商業領域彼此連結。

微軟、美國運通（American Express）、戴爾（Dell）和奇異等美國企業都需要服務數百萬、甚至數十億來自全球各地的顧客。他們把服務平台外包給印度的第三方企業。由於勞力成本低、IT 人才豐富、英語流利加上日夜顛倒的時差，幫助企業提供全天候的電話客服，因此印度成為外包顧客支援活動的重要地點[9]。

整合、議價地位和 QCD

如果我們把這些主題與質量管理大師今井正明的品質、成本和交貨（QCD）概念對照來看，就會發現非理想條件會導致 QCD 無法改善。供應商和買家之間整合和議價地位的強弱，會決定 QCD 的脆弱程度（參照圖 17.2）。

無論企業的價值鏈多優異，如果取得生產要素的機率不高，就會難以提供高品質的產品與服務。以 B2B 為例，如果企業身為買家的議價地位較弱、整合較弱，QCD 都會差強人意。企業還會發覺難以降低多項成本，因為供應商決定生產要素的價格。如果企業的生產要素供應不順，交貨便可能會中斷。

如果企業身為買家的議價地位足夠強大、整合較弱，便可以只關注成本，而品質和交貨保持疲弱。但，如果企

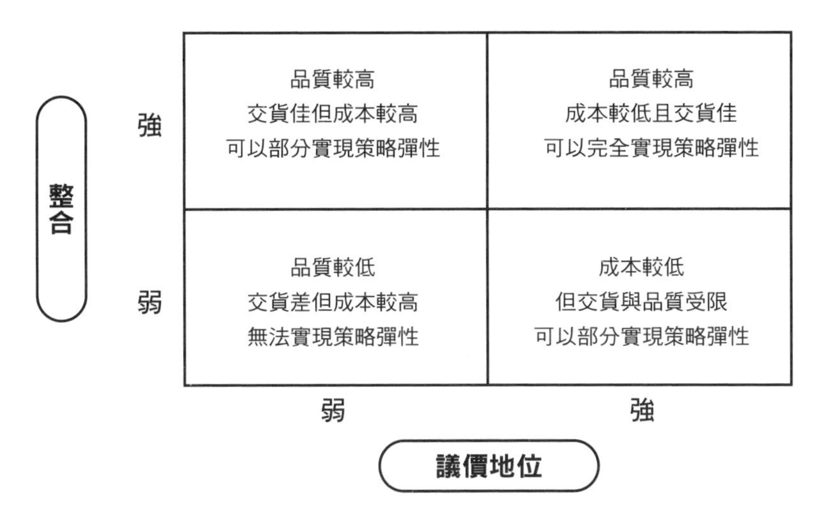

圖 17.2 整合和議價地位對 QCD 的衝擊

業身為買家的議價地位較弱、整合較強，便有更高機率為顧客提供品質卓越的產品和服務，同時保障出色的交貨。然而，成本將成為最疲弱的要件。這兩類情況會降低企業彈性，但有更多空間形成競爭優勢。

舉例來說，台積電的買家 Apple 擁有龐大的生態系，Apple 要求自家所有裝置都有品質一流的晶片。身為創新消費電子產品的品牌龍頭，Apple 要求台積電生產特定製程的晶片：三奈米晶片。這個需求間接讓台積電改善其作業流程。有鑑於此，目前只有台積電才能完成晶片的製造過程。Apple 和台積電之間建立這樣的商業關係，因而培養出健全的相互依存度[10]。

如果企業身為買家的議價地位穩固，又與供應鏈的整合強大，那就必須僅依賴價值鏈來確保產品和服務的品質，把成本維持在最低水準，確保交貨符合顧客期望以換取滿意度，甚至超出期望來取悅顧客。

這樣的整合與強大的議價地位進一步鞏固企業的策略彈性，即有本事迅速因應日新月異的商業環境，尤其是市場需求。企業可以按照變化立即調整資源和策略決定[11]。只要企業具有強大的營運管理本領、可以將所有活動與供應鏈中的要件相互整合，就會坐擁強大的競爭優勢[12]。

線性關係的不足

即使價值鏈與上游供應鏈（即供應商 S1 至 S5）和下游供應鏈（即配銷商 D1 至 D3）緊密整合，也不一定是理想的狀態（參照圖 17.3）。企業尚未成為商業生態系整合的一環就會如此；此外，如果關係仍屬線性，動態就不見得跟得上整體商業環境變化的速度，顧客面來看尤其如此。

想要追求不斷變動又經常混亂的情況，線性供應鏈已不再適用，假如供應鏈本身獨立或未整合就更是如此。由於線性關係的不足，導致價值鏈迫切需要演變成極度動態的生態系。這個生態系發揮價值網的功用，把所有要件最佳化[13]。

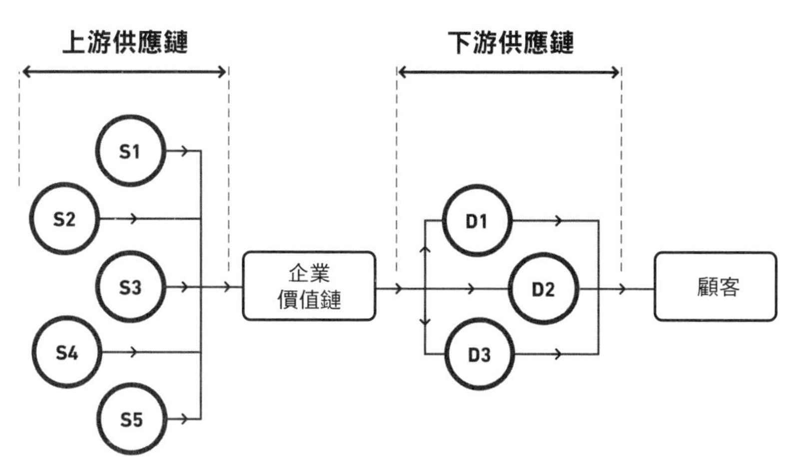

圖 17.3　企業價值鏈與供應鏈的線性關係

如果企業依賴供應鏈中的單一面向，例如供應、生產、銷售或配銷，這可能就會不小心損及事業。企業可能會受制於未付款或價格上漲的狀況，舉例來說，如果組織無法獲得原物料、機器故障、網站故障，或無法在倉庫中找到庫存，全部營運恐怕就得停止，以避免出現銷售瓶頸[14]。

商業生態系是最終領域

根據 BCG 的看法，商業生態系應該解決商業上的挑戰、內在架構能實現特定的價值主張。商業生態系的優勢包括：獲得各式各樣的本領、快速規模化的能力、彈性與韌性等。例如，Apple 共同創辦人史蒂夫・賈伯斯（Steve Jobs）向第三方 App 開發商開放 iPhone 系統，讓大量創新的 App 可以上架[15]。

最終，企業必須成為商業生態系（傳統或數位皆然）活躍的一分子。藉由連結生態系中所有要件，供應商（S）、製造商（M）、配銷商（D）和顧客（C）各方都會有更大的獲取權限與彈性來進行協作和共創，從而帶給各方卓越的績效[16]。而企業身為強大商業生態系的一部分，也有更大機率改善各種動態能力，這些能力都是建立競爭優勢的重要基礎（參照圖 17.4）。

企業和合作夥伴會受惠於生態系具備的優勢。生態系中相互依存度愈高便愈僵化，但同時也為商業生態系中的

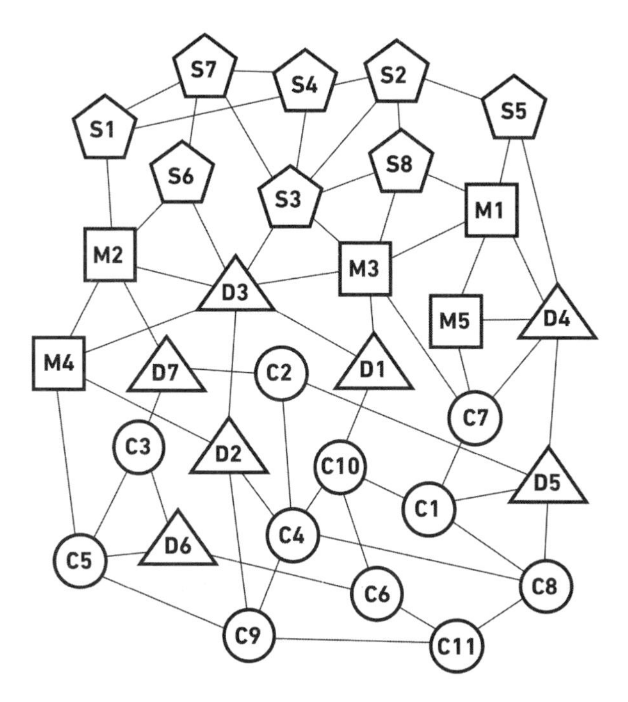

圖 17.4 商業生態系[17]

各方帶來彈性，以應對環境的迅速變化。這便符合策略彈性的原則。

商業生態系的優勢

商業生態系中的各方可能享有以下生態系優勢：

提供實質的進入障礙：商業生態系可能會是新進業者

的強大壁壘。新競爭對手無法僅依靠其價值鏈的強度來贏得競爭，現在不得不面對整個商業生態系，即生態系中各方的集體力量。

解決方案能處理更大的問題：生態系最佳化後能促使企業進行創新、提供解決方案。這既可以用來解決個別企業的問題，也可以用來解決全球社會與環境問題[18]。這個動態生態系由共享資源、多重本領和核心能力所組成，搭配日益模糊的邊界，就能打造發掘新價值的空間。這有助於企業獨立面對當前競爭激烈的世界[19]。

提供多功能平台：商業生態系能加速學習過程、創意發想、分享知識、生產各項技術供集體所用。這個平台是創新的催化劑，讓各方在跨部門網絡中協作、共創，以支持商業化過程。這個平台還可以提高個別企業和整體的效率和效能，因為可以將營運和投資成本分攤給生態系中的各方[20]。

營運是核心要角

隨著企業整合到商業生態系中，營運在全能屋模型中的角色更加核心。一方面，企業內部的行銷部門主要是藉由各項產品服務來了解市場、提供解決方案；另一方面，財務部門要確定行銷創新是否能提供良好的利潤，並充分利用企業資本。營運部門的角色則落實價值創造，實現上述兩個部門的目標。

各式各樣的科技有助於營運，而符合日益數位化世界的技術尤其如此。科技也能讓企業成為商業生態系的一部分，共享角色和負擔，以支援企業內的營運活動。企業可以利用生態系中的多項優勢，為顧客、股東和社群提供最佳服務。而營運也是科技造福人類的重要一環。

營運卓越的全新特色

隨著企業在商業生態系中的地位愈來愈重要，營運的卓越表現不能僅依賴於企業內部管理、內部紀律或企業價值觀等本領。企業仍然需要認真關注其內部流程，同時也應該想方設法讓內部流程，跟得上商業生態系中各方的互動。

除了在企業內部保持現有出色的營運之外，還必須了解企業成為商業生態系的一部分後，哪些條件能再提升企業卓越的營運成果，目標是即使商業生態系中企業相互依存度僵化，仍能實現最佳的彈性。以下是企業營運卓越後的部分特色：

無縫依存：企業在商業生態系彼此合作多寡？企業之間相互依存度高低、彼此關係是否無縫？企業合作的數量愈多，相互依存度愈高；關係愈無縫，所需整合程度愈高。

完美相容：我們必須檢視企業營運活動中運用的科技，是否相容生態系中其他組織。這代表我們要看看那些組織是否採取類似流程與方法、企業是否與其他各方使用相同的協定、是否全部依循生態系內的常態治理、員工文化是否與其他組織一致。這些都必須在與生態系互動時，完全相容、沒有缺陷。組織在商業生態系中相容性愈高，企業就愈能展現出新型營運卓越的特色。

即時因應：企業在成為商業生態系的一部分後，便可在不斷變動的商業環境中與時俱進。即使企業的發展軌跡斷斷續續，仍可以利用商業生態系迅速因應改變。企業在生態系支持下，營運回應速度愈快，愈能凸顯企業新型營運卓越的特色。

這個新型營運卓越的本領，就是我們所謂的「後營運卓越」（post-operational excellence）。後營運卓越的上述三大面向結合後，就會帶來極高的彈性，因為企業可以透過模組化來跑營運流程，必要時輕鬆進行調整。這三大面向的最大值會形成「彈性邊界」（flexibility frontier）（參照圖 17.5）。

假設商業環境顯示的動態，已超過想像中的彈性邊界，那生態系中各方必須共同努力，把相互依存度當作集體的優勢，不僅提升彼此相容性，也要增強因應能力。這三大面向可以把彈性邊界外推，超越商業環境動態，讓商

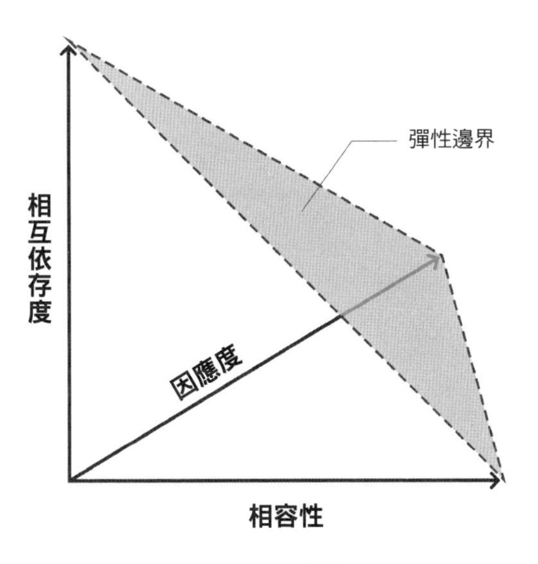

圖 17.5　彈性邊界

業生態系中各方都不會被拋下。然而，由於彈性邊界已超出商業動態，只能仰賴生態系中每家企業發揮所長，以最大化既有機會與可能性。

管理階層假如具備這個彈性，便可以加速擴大企業規模，市場也愈來愈敞開，而只要物流系統分布夠廣，企業肯定可以為該市場提供服務。此外，企業還可以簡化產品開發流程和支援服務。多角化經營的方案變得更加重要。最後，企業必須再次解決，有關核心能力能發揮多少價值的根本問題，甚至要發展出獨特的本領。

拓展 QCD

企業可以不斷改善 QCD 三個要件。這 3 個要件不僅仰賴企業內部流程跨職能的協作，也仰賴商業生態系中多個合作夥伴所能處理的流程。組織可以靠著設計階段到產品銷售的效率、商業生態系集體效率來降低成本。企業還可以按照顧客的要求，更快把這些產品和服務交給顧客[21]。

最初，QCD 僅依賴於企業有限價值鏈彈性，或上游價值鏈與下游價值鏈的線性關係。但現今，如果企業重新調整所有營運流程、使其更契合自身參與的生態系，特別是自我定位盡量靠近彈性邊界，那企業就能具備更大彈性。簡單來說，企業可以拓展其 QCD 的極限（參照圖 17.6）。

管理僵化與彈性

我們確實進入全新的時代、具備全新的商業格局，許多產業發展軌跡都斷斷續續。這些都影響企業的營運方式。更先進的商業生態系需要後營運的卓越，這得靠管理 3 個面向，即相互依存度、相容性和因應度。

儘管部門間的整合很重要，卻不足以應對現在和未來的商業環境動態變化。麥可．波特提出的著名價值鏈概念，不應該被當成是一個單向過程，而是讓價值鏈上每個節點

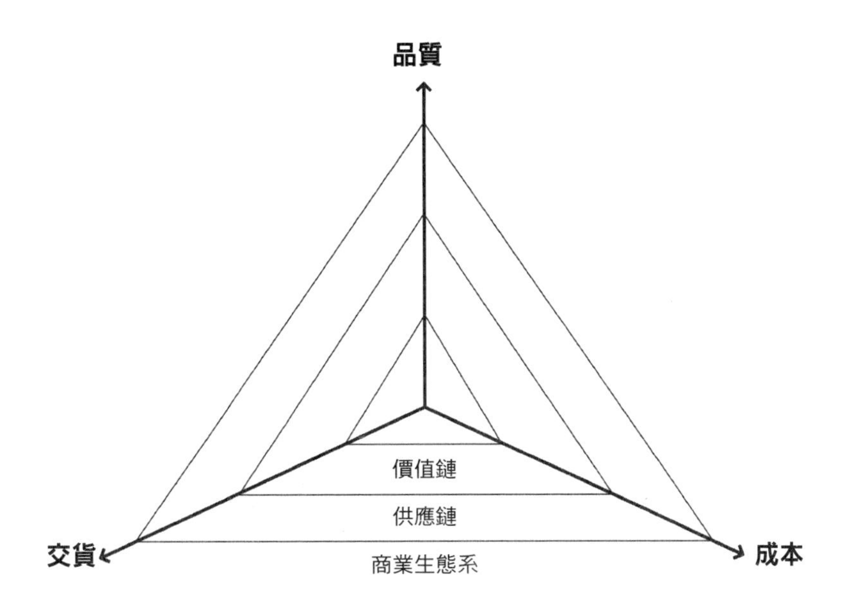

圖 17.6　拓展 QCD 的極限

都能迭代、具備彈性，這樣價值鏈才會更加出色。這個迭代過程和彈性，讓企業能更快又持續地為顧客創造價值，同時適應外部變化。

企業可以利用其部門內部資源、本領和核心能力來打造競爭力。但除此之外，企業還應該善用重要合作夥伴的外部網絡，以確保價值創造過程保持彈性。正因為有策略合作夥伴網絡，與價值鏈的整合才能發揮重要的作用，並提升企業競爭優勢。這類整合也會影響企業在價值創造過程中的營運管理[22]。

科技讓企業與商業生態系連結，因而使企業能利用生態系的優勢[23]。企業必須進行轉型，把後營運卓越視為企業新價值或特色，而慣性太強的組織結構不再有立足之地。我們必須立即淘汰保守又抗拒新事物的企業文化。連結生態系——尤其是數位科技輔助的生態系——讓企業能發現並實現全新價值，這是過去只仰賴傳統價值鏈不可能達成的目標[24]。

最後，企業必須具備同時管理僵化和彈性的本領（包括協調能力），這會開啟更多機會來實現範疇經濟[25]。簡單來說，現今的企業必須打造策略彈性，才能成功邁向 2030 年，這會是未來數十年的重要里程碑。

本章要點

- 企業內部僵化原因可能是創業思維薄弱、創新停滯、忽視競爭、不關心顧客、商業模式未轉型、忽視總體環境變化、數位導向疲弱等。
- 強大的供應鏈整合會帶來僵化，同時讓企業靈活因應市場動態。
- 商業生態系可以提供進入障礙、廣泛問題的解方與多功能平台。

結語
用創業行銷模型來展望未來曲線

全能屋模型的核心部分——即創業區塊（CI-EL）與專業區塊（PI-PM），靈感也源自爪哇文化神話故事（詳見附錄）——是企業確保其未來存續的關鍵。然而，除了了解當前狀況之外，我們也必須能觀察到未來可能面臨的情況。如果我們沒有準備好預測未來會發生的事，則創業行銷就無法獲得最佳的落實，也不會產生顯著的影響。

我們的現狀為何？

觀察近年來各種情勢發展後，我們當前面臨以下情況：

情況 1：協作實屬必然

並非所有企業都具備優勢來助其面對未來難題。假如企業的優勢來源非常有限、或不足以克服挑戰，就需要立即重新界定競爭，思考如何與各方合作，甚至與競爭對手合作。「協作」是引領企業邁向未來的關鍵詞。

情況 2：顧客極為老練

在連結日益緊密的世界中，顧客也不斷在改變。自2010年代初期開始，過去的顧客似乎搖身一變成為新型顧客，因為他們可以輕鬆獲得、吸收大量資訊。他們非常老練，議價能力與日俱增。光是獲取新顧客就愈來愈複雜，更遑論滿足顧客，因此我們需要找到新方法來因應此事。

情況 3：二元需要合流

企業必須能透過依靠彈性或敏捷度，適應商業環境的重大改變。企業也必須不斷跟上新時代的腳步，才能長久經營下去。因此，不同的二元對立必須合流，譬如世代的二元對立、科技的二元對立，以及創業思維與專業精神兩相結合。這個合流過程對於一般企業來說，確實是一大挑戰。

情況 4：完善的策略與戰術必不可少

動態又複雜的商業環境要我們敏銳分析一切變化對於企業管理的影響。再來，我們應該找出各種選項，但這有時並不容易；同時，我們還要考量自己的多項核心能力。最後，我們應該研擬穩健的策略和一致的戰術。

情況 5：人才的重要性

為了確保成功，我們需要具備各項能力的人才。我們不能期望一個人具備所有必要條件。因此，企業必須找到、吸引、培養和留住最優秀的人才。企業必須提供適當的環境，讓這些人才能充分釋放自身潛力，全副身心投入其中、實現自我價值。企業必須擁有全方位本領，才能與時俱進、長期存續。

情況 6：內外整合

我們應該消除企業內部的一切壁壘。如果這些壁壘害我們無法在企業內進行跨部門協作，那就別期望我們能與外部各方良好協作，或為了社會福祉完成重要工作。在邁向更遠大的目標之前，我們必須先確保企業內所有部門的整合。我們必須敢於修正或更新我們的價值鏈，成為商業生態系統（傳統和數位）的一部分，並利用生態系優勢保持永續。

情況 7：科技驅動的行銷時代

科技驅動的行銷改變我們現在和未來落實顧客管理、

產品管理和品牌管理的方式。科技普遍來說也必須服務人類全體。在企業內部，我們必須為員工提供不同技術的支援，讓他們能創造最大價值。我們也必須為顧客提供科技，好讓我們的解決方案派上用場。我們還必須利用不同技術來確保社會環境受到妥善照顧。

情況 8：營運彈性無比重要

營運面向當然也會受到影響。企業必須在嚴格的營運流程與極度靈活的市場需求之間取得平衡。同時，B2C 和 B2B 企業都必須滿足顧客期待（甚至讓顧客喜出望外），提升產品和支援服務的品質，發揮更大的成本效益與交貨效率。所有接觸點都必須能提供卓越的顧客體驗。

未來不容小覷

無論 COVID-19 疫情的影響有多深遠，現在是我們復甦的時刻了。儘管全球變數仍然存在，但在未來數年內，仍需要留意數個值得玩味的現象：

現象 1：Z 世代黃金時代即將到來

根據世界經濟論壇（World Economic Forum）2020 年的統計資料，與過去的世代相比，可以看到在幾乎所有

OECD 國家中，Z 世代失業率將近翻倍。居高不下的失業率是因為 Z 世代正在找工作（他們多半剛大學或高中畢業），且碰巧他們在旅遊餐飲等服務業中比例過高，而偏偏這些產業近年受疫情的衝擊最為嚴重。 Z 世代會失去累積工作經驗與培訓的機會，而這對於培養本領至關重要，進而影響未來的職涯 [1]。Z 世代的黃金時代似乎被耽擱了。

現象 2：元宇宙的開端

社群網絡的進化仍在持續。Web 1.0 轉變為 Web 2.0，現在我們步入 Web 3.0 的時代，又稱作元宇宙時代。各個論壇已大量討論，元宇宙目前還處於萌芽階段，終究會徹底改變電子商務、媒體、娛樂和房地產等一切領域。元宇宙還可能會改變我們社交互動的方式、做生意的方式，甚至可能在網路經濟圈大躍進。

現象 3：ESG 標準的價值更高

ESG 已成為投資人分析中的關鍵非財務標準，這是理解一家企業真正的風險和成長潛力的基礎。這些指標現在已成為投資選擇過程中，不可或缺的一部分 [2]。ESG 指標的應用，顯示各類企業都普遍採用利害關係人的觀點。此外，運用ESG指標也顯示，不同的非財務指標愈來愈重要，可以決定一家企業的價值，以及觀察企業落實不同價值觀所花費的時間。ESG 現今已成為愈來愈常獲採用的標準[3]。

現象 4：聯合國永續發展目標期限將至

聯合國於 2015 年提出永續發展目標，目的是消除貧困、保護我們的地球，並確保在 2030 年前，每個人都能過上和平與繁榮的生活。雖然每家企業對每個永續發展目標的側重點可能不同，但這些目標對於企業十分重要。永續發展目標就像是重要的指南，方便企業能讓各項策略符合當今社會利益。有意思的是，永續發展目標也呼應創業行銷這個新類型，因為強調創新和拓展新市場的機會[4]。

現象 5：七大難題

與永續發展目標相似的是，我們檢視「七大難題」後得到的體悟，可能會深化我們對於全球迫切問題的洞見，分別是自然之死、不平等、仇恨與衝突、權力與腐敗、工作與科技、健康與生計、人口與移民等 7 個問題，也是改變的 5 個子要件一部分[5]。

現象 6：共享與循環經濟的時代

隨著採用共享經濟的各方愈來愈多，我們也愈來愈熟悉共享經濟一詞。共享經濟的發展，攸關每個人能輕鬆透過多個數位網絡和平台交流[6]。除了共享經濟，我們愈來愈熟悉循環經濟，這得仰賴三大原則：消除浪費與汙染、使用循環最高價值的產品和材料、自然復育[7]。我們應該思考支持再利用、減量和回收計畫的所有後果。

下一個轉捩點

下一個曲線即是我們從 2022 年到 2030 年的旅程。根據國際貨幣基金組織（IMF）的預測，通往 2023 年的旅程充滿了變數。2023 年之後，許多事仍是未定之天，更不用說邁向 2030 年了。

參考國際貨幣基金組織公布的經濟成長率，我們可以在表 E.1 中看到，世界經濟將繼續成長，不過在 2021 年之後，預測顯示 2023 年前成長速度會放緩。

與此一致的是，新興經濟體和開發中經濟體的成長率

表 E.1　全球經濟成長（%）[8]

	2019	2020	2021	2022*	2023*
全球經濟	2.9	3.1	6.1	3.2	2.9
已開發經濟體	1.7	4.5	5.2	2.5	1.4
新興市場與開發中經濟體	3.7	2.0	6.8	3.6	3.9

* 預測值

高於已開發經濟體。儘管在 2021 年之後成長有趨緩跡象，但經濟成長仍是正數。此外，我們可以看到，2022 年的全球經濟成長料將超過 2019 年，2023 年的經濟成長則估計與 2019 年相同。

國際貨幣基金組織指出，世界經濟前景趨於黯淡和不確定。他們認為原因包括經濟強國表現下滑，即中國、俄羅斯和美國；烏克蘭戰爭導致全球經濟狀況惡化，尤其是歐洲，原因是俄羅斯停止供應天然氣；地緣政治裂解繼續籠罩、甚至阻礙全球合作和貿易。世界通膨率預計也將上升[9]。

2023 年之後，全球經濟可能會有所改善、停滯或甚至惡化。我們在 2025 年之前面對各種可能的處理態度非常關鍵。在這個後常態時代中，無論下一個轉捩點為何，我們都不能原地踏步。這個不明朗的狀況也顯示，面對極具挑戰性的世界時，全方位的創業行銷變得愈來愈重要（參照圖 E.1）。

在 COVID-19 疫情最嚴重的時期，儘管當時許多企業績效下滑，但結果證明還是有許多企業即使沒有明顯成長（停滯）也能倖存。其他企業能夠成長，不僅僅是因為意外之財的影響，也因為他們已成功地把專業方法與創業思維結合。

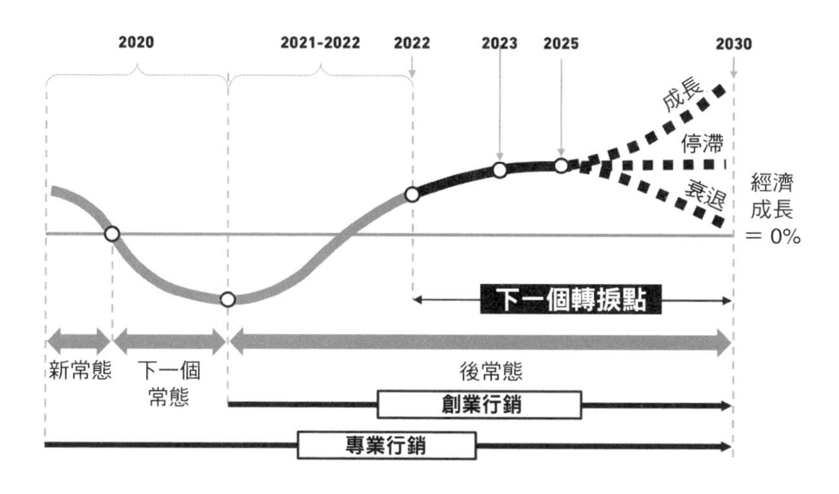

圖 E.1　2022-2030 下一個轉捩點

資源、本領和核心能力相關政策

仍能成長的企業應該要最佳化資源、調和不同的本領，以適應目的驅動的策略方向，確定在成長狀態下的顯著核心能力。這類企業甚至可以考慮多角化經營。

成長停滯的企業可以凸顯提高效率、效能和整體生產力的舉措，也可以數次調整行銷策略或戰術。這個過程可能需要額外資源、提升現有本領、活化策略方向來校準，並重新關注核心能力。

成長衰退的企業，必須利用現有的任何商機來進行大改造。企業除了現有資源外，可能需要額外獲取資源，甚至尋找全新資源。企業還必須提升當前本領、建立全新獨特能力。最終，企業可以修改現有核心能力，或培養全新核心能力（見表 E.2）。

表 E.2 企業績效與未來步驟的選項

企業績效	資源	本領	核心能力
成長	既有資源最佳化	本領與目標策略方向同步	尋找獨特核心能力
停滯	增加更多資源	精進目前本領，符合策略活化方向	重新聚焦核心能力
衰退	增加更多資源／獲取全新資源	精進目前本領／打造全新（獨特）本領以注入活力	活化現有核心能力或培養新能力

國際貨幣基金組織說得沒錯，前方道路充滿變數，而許多人都恐懼未知。一項研究顯示，不可預測性大幅提升一般人的不安感，而根據心理學家艾瑪・譚諾維（Ema Tanovic）的看法，這可能會進一步加劇我們對於威脅情況的焦慮[10]。然而，我們在面對未來各種挑戰時，應該抱持既樂觀又務實的態度。

一方面，我們延後或拖沓改變的時間愈久，接下來可能產生的後遺症就愈大，進而讓企業面臨的狀況惡化，最終導致企業無法承受。另一方面，加州大學柏克萊分校哈斯商學院教授大衛・提斯（David Teece）表示，即使我們立即執行企業活化流程，也無法逃避處理各種不確定性。

因此，與人合作不必猶豫。企業應同時運用創業思維和專業精神、融合不同的二元對立、制定和落實完善的策略和戰術、確保人才不會被困在企業內部壁壘中，準備好成為商業生態系統的一員。

我們要時時保持警惕，預測未來會產生重大影響的事件，例如 Z 世代的到來、元宇宙的興起。我們也要能靈活地因應變化，如果科技實屬必然，就不要加以排斥。

講究利潤的強烈動機並沒有錯，但這並不代表我們可以忘記社會和環境生活等面向的相關責任。假如還沒採取行動，那現在就立即把永續納入商業模式吧。

下一個轉捩點面臨的挑戰並不容易，但我們仍有機會加以克服。事實證明，人類數千年來已度過無數的災難與挑戰。如果人類不斷強化思維、運用良知，以此當作行銷的指路明燈，未來就會掌握在手中。因此，絕對不能放棄。

歡迎來到下一個轉捩點！

附錄

創業行銷模型的原型概念

創業行銷的概念宗旨是因應未來的挑戰。數位化普遍與 COVID-19 疫情爆發，確實讓領導者在因應改變時必須具備敏捷度、彈性和韌性。CI-EL（創業思維）是最佳解答，讓商業人士、政府官員、社運人士與各種組織領導者，在因應瞬息萬變的環境不會手足無措。

這個概念也脫胎自印尼當地哲學觀，其中又以印尼文化傳統「哇揚偶戲」（wayang）影響最大。根據爪哇傳統，「哇揚偶戲」的故事源於本土神話和印度史詩[1]。這類偶戲在印尼爪哇島和峇里島等皇宮中，蓬勃發展 10 個世紀，後來也傳播到鄰近的島嶼——龍目島、馬杜拉島、蘇門答臘島和加里曼丹島，各自發展成帶有本地風格與音樂伴奏的表演。

「哇揚偶戲」最受喜愛的故事是《摩訶婆羅多》，這個故事與《羅摩衍那》是古印度兩大史詩[2]。《摩訶婆羅多》

故事主要角色是般度族五兄弟：堅戰、毗摩、阿周那、無種和偕天。他們既是貴族，也是具有超能力的騎士。

在爪哇傳統中，還有 4 個爪哇版丑角的當地人物「土地四祇」（Punokawan），他們是般度族僕人。土地四祇包括：瑟瑪爾、迦楞、佩特魯和巴貢。儘管土地四祇被描述成丑角，但他們其實擁有偉大的能力和智慧，經常是般度族的助手兼顧問。

土地四祇與般度族合作無間，激發了 CI-EL（創意、創新、創業精神和領導力）和 PI-PM（生產力、進步、專業度和管理）的靈感，成為全能屋模型二元概念之一。土地四祇既獨特又搞笑——經常提供意想不到的解決方案——正是「創業」的象徵。而般度族的「菁英」特質則是「專業」的體現。

象徵創業的土地四祇

土地四祇中最年輕的角色是巴貢。巴貢身材矮胖、眼大嘴大[3]，是愛開玩笑、取悅大眾又聰明的角色。儘管動作不比其他兄弟敏捷，但巴貢最出名的是有很多鬼點子，因此我們選擇巴貢當作創意的榜樣。

土地四祇第 2 個角色是佩特魯。佩特魯具有豐富的幽默感，也是身手敏捷的戰士，臉型別具特色，身材高大、

圖 A.1　土地四祇

鼻子也長，其他身體部位——雙手、脖子和雙腿——也有類似特色。佩特魯身懷神奇魔力，願意在各種情況下測試自身能力[4]，活像喜歡實驗新構想的創新者，因此佩特魯是創新的象徵。

土地四祇下一位是迦楞。不同於其他土地四祇的是，迦楞外表雖為人形，卻具備非典型的身體特徵，不僅鬥雞眼、 雙手畸形，而且還是跛腳[5]。但在迦楞外表的缺陷底下，其實藏有獨特的能力。鬥雞眼不是弱點，反而能準確又全面地觀察周圍環境。迦楞憑著高精準度，可以看到其他人錯過的機會。這項能力正是創業的一大特色。

在土地四祇中，瑟瑪爾是最資深的角色，因為對於其他角色來說，他就像父親一樣。瑟瑪爾的外形肥胖矮小、臀部豐滿又有個朝天鼻[6]。在爪哇「哇揚偶戲」的故事中，瑟瑪爾是般度族的領袖，是般度族不可或缺的。因此，瑟馬爾極適合當領導力的代表。

象徵專業的般度族

在般度五兄弟中，年紀最小的是無種和偕天這對雙胞胎。無種的養馬知識深厚，據說劍術精湛[7]。偕天是年紀最小的弟弟，但擁為聰慧，尤其擅長占星術，而且劍術與哥哥不相上下[8]。這對雙胞胎憑著不同能力與知識，可以在其他兄弟需要幫忙時派上用場。因此，他們倆非常適合代表生產力。

下一個角色是阿周那。在《摩訶婆羅多》史詩中，他在般度族五兄弟中排行老三。阿周那童年時期就是優秀的學生，深受景仰的老師達羅那（Drona）也偏愛他。長大後，阿周那成為技巧高超的弓箭手[9]。阿周那總是藉由冥想和練習，設法精進自身超能力。由於阿周那有不斷進步的毅力，我們才選擇他當作進步的楷模。

毗摩是具有獨特戰鬥力的般度族角色。他身形巨大、力量無窮，在眾兄弟中十分顯目[10]。由於他的身體素質強，因此常獲派去領軍戰鬥，往往可以漂亮地完成重責大任。因此，毗摩是代表專業精神的絕佳人選。

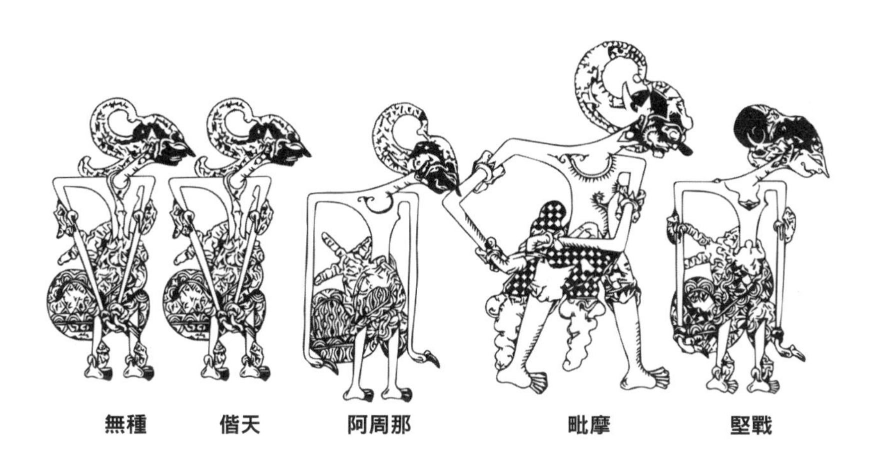

圖 A.2　般度族五兄弟

堅戰是般度族兄弟的長兄，誠實、正義、寬容又明察秋毫。他也以嚴守紀律而聞名[11]，導致他在指導般度族人時偶爾會顯得太過僵化。身為般度族的長兄，堅戰是最適合代表管理概念的角色。

作者群致謝

感謝馬克加行銷顧問公司（MarkPlus）整個管理團隊的寶貴支持與鼓勵，尤其是領導團隊成員的貢獻：Michael Hermawan、Taufik、Vivie Jericho、Iwan Setiawan、Ence、Estania Rimadini 和 Yosanova Savitry。

感謝 Richard Narramore 從本書籌備到出版過程中，都極其耐心又盡責地監督與指導，他是催生這本書的一大功臣。

感謝 Wiley 編輯團隊在本書寫作過程中，付出極大心力戮力合作：Angela Morrison、Deborah Schindlar、Susan Geraghty 和 Rene Caroline。

感謝 Kevin Anderson & Associates 旗下由 Kevin Anderson 率領的編輯團隊，讓每章都更加簡潔易讀：Emily Hillebrand、Amanda Ayers Barnett 和 Rachel Hartman。

感謝馬克加學院團隊耗費近兩年的時間，努力不懈地協助研究、集思廣益、提供許多寶貴資料：Ardhi Ridwansyah、Giovanni Panudju 和 Thasya Fadilla。

感謝世界行銷高峰會（World Marketing Summit）與亞洲行銷聯盟和亞洲中小企業聯合會（ACSB）旗下成員的支持：

亞洲行銷聯盟成員

- 中國國際貿易促進委員會商業分會
- 香港市務學會
- 印度尼西亞行銷協會
- 馬來西亞行銷學院
- 日本行銷協會
- 澳門市務學會
- 柬埔寨行銷協會
- 泰國行銷協會
- 新加坡市場行銷學院
- 孟加拉行銷學會
- 南韓行銷學會
- 蒙古行銷協會
- 緬甸行銷學會
- 尼泊爾行銷協會
- 菲律賓行銷協會
- 斯里蘭卡行銷學院
- 臺灣行銷科學學會
- 越南行銷協會

亞洲中小企業聯合會成員

- ACSB 孟加拉分會
- ACSB 中國分會
- ACSB 印尼分會
- ACSB 菲律賓分會
- ACSB 斯里蘭卡分會
- ICSB 寮國分會
- ICSB 澳門分會
- ICSB 臺灣分會
- ICSB 泰國分會
- ICSB 越南分會
- ICSMEE 馬來西亞分會
- ICSME 香港分會
- ICSB 南韓分會
- SEAANZ 澳紐分會

注釋

前言

1. 2022/8/20截取自https://www.marketing-schools.org/types-of-marketing/entrepreneurial-marketing/
2. 參考Robert D. Hisrich 與Veland Ramadani 在 “Entrepreneurial Marketing: Entrepreneurship and Marketing Interface” 的定義*Entrepreneurial Marketing* (Elgar, 18).

Chapter 1 時代巨變後，新世代行銷的解答

1. 根據埃森哲（Accenture）的說法，這類重視體驗的概念已有大幅轉變，超越了顧客體驗，整個事業體都要提供卓越體驗，稱作「體驗事業」（business of experience，BX）。參照Baiju Shah的文章An Experience Renaissance to Reignite Growth。二〇二一年一月截取自：https://www.forbes.com/sites/paultalbot/2020/12/07/accenture-interactive-advocates-the-business-of-experience/？sh = 78c54bb22ca4

Chapter 2 IG成為主導自身產業巨擘的條件

1. Nina Toren, “Bureaucracy and Professionalism: A Reconsideration of Weber’s Thesis,” *The Academy of Management Review* 1，no. 3 (1976): 36–46. https://doi.org/10.2307/257271
2. https://www.statista.com/statistics/273883/netflixs-quarterly-revenue/; https://www.hollywoodreporter.com/business/digital/netflix-q4–2021-earnings-1235078237/
3. https://www.forbes.com/sites/forbestechcouncil/2021/06/15/13-industry-experts-share-reasons-companies-fail-at-digital-transformation/?sh=5aca2d2f7a3f; https://www.forbes .com/sites/forbesdallascouncil/2019/08/23/how-modern-organizations-can-adapt-to-change/ ?sh=64ea3cf5687e
4. https://www.weforum.org/agenda/2014/12/8-ways-negative-people-affect-your-workplace/
5. https://hbr.org/2021/09/every-leader-has-flaws-dont-let-yours-derail-your-strategy; https://hbr .org/2021/08/leaders-dont-be-afraid-to-talk-about-your-fears-and-anxieties
6. https://globalnews.ca/news/771537/target-starbucks-partnership-brews-up-perfect-blend/
7. https://foundr.com/articles/leadership/personal-growth/4-startup-case-studies-failure
8. https://www.forbes.com/sites/georgedeeb/2016/02/18/big-companies-must-embrace-intrapreneurship-to-survive/?sh=6b51f30348ab; https://www.fm-magazine.com/issues/2021/sep/boost-your-career-with-intrapreneurship.html; https://www.cnbc.com/2021/12/16/google-20-percent-rule-shows-exactly-how-much-time-you-should-spend-learning-new-skills. html; https://www.inc.com/bill-murphy-jr/google-says-it-still-uses-20-percent-rule-you-should-totally-copy-it.html
9. https://www.linkedin.com/business/talent/blog/talent-engagement/how-pwc-successfully-built-culture-of-work-flexibility; https://www.pwc.com/vn/en/careers/experienced-jobs/pwc-professional.html
10. https://hbr.org/amp/2013/10/the-hidden-dangers-of-playing-it-safe
11. https://www.linkedin.com/pulse/bureaucracy-hindering-your-organisations-agility-adapting-sean-huang/?trk=public_profile_article_view
12. https:// www.investopedia.com/terms/i/intrapreneurship.asp
13. https://hbr.org/2020/11/innovation-for-impact?registration=success

Chapter 3 歐洲電動車的榮景起於競爭合作

1. https://www.euronews.com/next/2022/06/20/demand-for-evs-is-soaring-is-europes-charging-station-network-up-to-speed#:~:text=The%20EU%20has%20more%20than，in%20a%20report%20 last%20 year
2. https://www.press.bmwgroup.com/global/article/detail/T0275763EN/bmw-group-daimler-ag-ford-motor-company-and-the-volkswagen-group-with-audi-and-porsche-form-joint-venture?language=en
3. https://ctb.ku.edu/en/table-of-contents/implement/changing-policies/overview/main
4. https://www.bbc.com/news/business-59946302

5. 十九世紀英國詩人雪萊（Percy Bysshe Shelley）的金句：https://en.wikipedia.org/wiki/The_rich_get_richer_and_the_poor_get_poorer#:~:text=%22The%20rich%20get%20richer%20and，due%20to%20Percy%20Bysshe%20Shelley.&text=The%20aphorism%20is%20commonly%20evoked，market%20capitalism%20producing%20excessive%20inequality
6. https://www.oecd.org/trade/understanding-the-global-trading-system/why-open-markets-matter/
7. https://www.channelnewsasia.com/cna-insider/how-fujifilm-survived-digital-age-unexpected-makeover-1026656
8. https://www.doughroller.net/banking/largest-banks-in-the-world/; https://www.chinadaily .com.cn/china/2007–07/24/content_5442270.htm
9. https://daveni.tuck.dartmouth.edu/research-and-ideas/hypercompetition
10. Adam Brandenburger and Barry Nalebuff, "The Rules of Co-opetition," *Harvard Business Review* (January–February 2021).
11. Hitt與Ireland在1980年代中期亦深入探討過獨特核心能力這項主題：Michael A. Hitt and R. Duane Ireland，"Corporate Distinctive Competence, Strategy, Industry and Performance," *Strategic Management Journal* 6，no. 3 (273–293).
12. 這個核心能力的相關主題已有兩位管理學知名大師Prahalad與Hamel深入研究，「core competencies」一詞正是他們首創，參照C. K. Prahalad and Gary Hamel，"The Core Competence of the Corporation," *Harvard Business Review* (1990). https://hbr.org/1990/05/the-core-competence-of-the-corporation; https://en.wikipedia.org/wiki/Core_competency
13. https://hbr.org/2003/11/coming-up-short-on-nonfinancial-performance-measurement
14. 參照 Peter Weill and Stephanie L. Woerner，*What's Your Digital Business Model?* (Cambridge, A: Harvard Business Review Press，2018).
15. https://www.bbc.com/news/technology-56592913; https://medium.com/@TheWEIV/how-social-media-has-impacted-the-modeling-industry-a25721549b65; https://www.youtube.com/ watch?v=6OKDa9h4lDo
16. Wiboon Kittilaksanawong and Elise Perrin，"All Nippon Airways: Are Dual Business Model Sustainable?" *Harvard Business Review* (January 29，2016).
17. https://bizfluent.com/info-8455003-advantages-disadvantages-economic-competition.html
18. https://www.autoritedelaconcurrence.fr/en/the-benefits-of-competition
19. https://www.marketing91.com/5-advantages-of-market-competition/
20. https://opentextbc.ca/strategicmanagement/chapter/advantages-and-disadvantages-of-competing-in-international-markets/
21. https://www.entrepreneur.com/article/311359
22. https://bizfluent.com/info-8455003-advantages-disadvantages-economic-competition.html
23. 同上
24. https://www.thebalancesmb.com/what-is-competition-oriented-pricing-2295452
25. https://www.mdpi.com/2071–1050/10/8/2688/pdf
26. https://hbr.org/2021/01/the-rules-of-co-opetition
27. 同上
28. https://www.mdpi.com/2071–1050/10/8/2688/pdf
29. https://www.forbes.com/sites/briannegarrett/2019/09/19/why-collaborating-with-your-competition-can-be-a-great-idea/?sh=451bd432df86
30. https://www.mdpi.com/2071–1050/10/8/2688/pdf
31. 同上
32. https://hbr.org/2021/01/when-should-you-collaborate-with-the-competition
33. https://www.americanexpress.com/en-us/business/trends-and-insights/articles/what-are-the-advantages-and-disadvantages-of-a-partnership/
34. 同上
35. https://www.valuer.ai/blog/examples-of-successful-companies-who-embraced-new-business-models
36. https://www.3deo.co/strategy/additive-manufacturing-delivers-economies-of-scale-and-scope/
37. https://sloanreview.mit.edu/article/why-your-company-needs-more-collaboration/
38. ttps://www.bangkokpost.com/thailand/pr/2078987/marhen-j-brand-collaborates-with-samsung-in-in-store-launch-showcase
39. 係指1990年代 Raymond Norda提出的經典概念。
40. Dorothe Kossyva, terina Sarri, d Nikolaos Georgopoulos, o-opetition: A Business Strategy for SMEs in Times of Economic Crisis" *South-Eastern Europe Journal of Economics* no. 1 (January 2014): 89–106.

41. https://myassignmenthelp.com/free-samples/challenges-ikea-faced-in-the-global-market

Chapter 4 看 Airbnb 用科技拉近與顧客關係

1. Retrieved March 2021 from https://en.wikipedia.org/wiki/Airbnb
2. Retrieved March 2021 from https://econsultancy.com/airbnb-how-its-customer-experience-is-revolutionising-the-travel-industry/
3. Retrieved March 2021 from https://www.airbnb.com/luxury; https://www.airbnb.com/plus
4. Retrieved March 2021 from https://www.wired.co.uk/article/liechtenstein-airbnb
5. Retrieved March 2021 from https://www.mycustomer.com/customer-experience/loyalty/four-customer-experience-lessons-from-the-airbnb-way
6. Retrieved March 2021 from https://hbr.org/2014/11/what-airbnb-gets-about-culture-that-uber-doesnt
7. Retrieved March 2021 from https://techcrunch.com/2021/02/24/airbnb-plans-for-a-new-kind-of-travel-post-covid-with-flexible-search/
8. Retrieved March 2021 from https://www.thinkwithgoogle.com/marketing-strategies/search/ informed-decisionmaking/
9. https://www.inriver.com/resources/inside-the-mind-of-an-online-shopper/#resource-gated-content; https://www.ge.com/news/press-releases/ge-capital-retail-banks-second-annual-shopper-study-outlines-digital-path-major; https://insights.sirclo.com/
10. Retrieved March 2021 from https://www2.deloitte.com/content/dam/Deloitte/uk/Documents/ consumer-business/consumer-review-8-the-growing-power-of-consumers.pdf
11. https://www.inriver.com/resources/inside-the-mind-of-an-online-shopper/#resource-gated-content; https://www.ipsos.com/en-nl/exceeding-customer-expectations-around-data-privacy-will-be-key-marketers-success-new-studies-find
12. https://www.businesswire.com/news/home/20211021005687/en/TruRating-Announce-the-Release-of-New-Report-Investigating-Consumer-Loyalty-in-2021-Following-Survey-of-180000-US-Consumers
13. Retrieved March 2021 from https://nielseniq.com/global/en/insights/analysis/2019/battle-of-the-brands-consumer-disloyalty-is-sweeping-the-globe/
14. Retrieved March 2021 from https://hbr.org/2017/01/customer-loyalty-is-overrated
15. Philip Kotler，Hermawan Kartajaya，and Den Huan Hooi，*Marketing for Competitiveness: Asia to the World; In the Age of Digital Consumers* (Singapore: World Scientific，2017).
16. https://segment.com/2030-today/
17. Retrieved March 2021 from https://jcirera.files.wordpress.com/2012/02/bcg.pdf
18. https://firsthand.co/blogs/career-readiness/jobs-that-will-likely-be-automated-in-the-near-future
19. Retrieved March 2021 from https://www2.deloitte.com/content/dam/Deloitte/ch/Documents/ innovation/ch-en-innovation-automation-competencies.pdf
20. Adapted from https://www.fintalent.com/future-enabled-digital-banking-skill-sets/
21. Retrieved March 2021 from https://www.mckinsey.com/business-functions/marketing-and-sales/our-insights/the-big-reset-data-driven-marketing-in-the-next-normal
22. Retrieved March 2021 from https://www.thinkwithgoogle.com/future-of-marketing/creativity/ marketing-in-2030/
23. Retrieved March 2021 from https://www.ignytebrands.com/adaptive-brand-positioning/
24. Xóchitl Austria，“13 Marketing Trends for 2030.” Retrieved November 2022 from https://www.studocu.com/es-ar/document/instituto-educativo-siglo-xxi/comercializacion-en-marketing/13-tendencias-de-marketing-para-2030/19069461
25. Peter Weill and Stephanie Woerner，*What's Your Digital Business Model? Six Questions to Help You Build the Next-Generation Enterprise* (Cambridge，MA: Harvard Business Review Press，2018).
26. https://www.mckinsey.com/~/media/McKinsey/Business %20Functions/McKinsey %20Digital/Our %20Insights/How %20do %20companies %20create %20value %20from %20digital %20ecosystems/How-do-companies-create-value-from-digital-ecosystems-vF.pdf
27. https://hbr.org/2012/02/why-porters-model-no-longer-wo
28. https://theconversation.com/wordle-how-a-simple-game-of-letters-became-part-of-the-new-york-times-business-plan-176299; https://www.forbes.com/sites/mikevorhaus/2020/11/05/ digital-subscriptions-boost-new-york-times-revenue-and-profits/?sh=1c459ea96adc

29. https://cissokomamady.com/2019/04/02/debunking-the-myth-of-competitive-strategy-forces-disrupting-porter-five-forces/
30. Retrieved March 2021 from https://www.cgma.org/Resources/Reports/ DownloadableDocuments/The-extended-value-chain.pdf
31. https://www.forbes.com/advisor/banking/capital-one-360-bank-review/
32. Bernard Jaworski，Ajay K. Kohli, and Arvind Sahay，"Market-Driven Versus Driving Markets," vournal of the *Academy of Marketing Science* no. 28 (2000): 45–54 .
33. Companies like this are called *ecosystem drivers*. Please refer again to Weill and Woerner (2018).
34. https://backlinko.com/tiktok-users
35. https://www.theverge.com/2021/7/1/22558856/tiktok-videos-three-minutes-length
36. https://www.kompas.com/properti/read/2021/04/10/135228821/membaca-peta-persaingan-cloud-kitchen-di-jakarta-ini-7-pemainnya?page=all
37. https://knowledge.insead.edu/blog/insead-blog/how-dbs-became-the-worlds-best-bank-17671; https://www.reuters.com/world/asia-pacific/singapore-lender-dbs-q2-profit-jumps-37-beats-market-estimates-2021–08–04/
38. Ray Kurzweil，*Singularity Is Near* (New York: Penguin, 2005).

Chapter 5 像Spotify開創新局又保持領先

1. Retrieved March 2021 from https://www.spotify.com/id/about-us/contact/
2. Retrieved March 2021 from https://en.wikipedia.org/wiki/Spotify
3. https://www.macrotrends.net/stocks/charts/SPOT/spotify-technology/number-of-employees#:~:text=Interactive%20chart%20of%20Spotify%20Technology，a%2017.12%25%20 decline%20from%202019
4. Retrieved March 2021 from https://corporate-rebels.com/spotify-2
5. Retrieved March 2021 from https://corporate-rebels.com/spotify-1/
6. Retrieved March 2021 from https://hbr.org/2017/02/how-spotify-balances-employee-autonomy-and-accountability
7. 同上。
8. Retrieved March 2021 from https://divante.com/blog/tribes-model-helps-build-agile-organization-divante/
9. Retrieved March 2021 from https://achardypm.medium.com/agile-team-organisation-squads-chapters-tribes-and-guilds-80932ace0fdc
10. Retrieved March 2021 from https://corporate-rebels.com/spotify-1/
11. Retrieved March 2021 from https://www.reuters.com/article/us-spotify-employees-idUSKBN2AC1O7
12. Retrieved March 2021 from https://corporate-rebels.com/spotify-1/
13. Retrieved March 2021 from https://www.linkedin.com/pulse/thinking-using-spotifys-agile-tribe-model-your-company-schiffer/
14. From Cambridge Assessment International Education，"Developing the Cambridge Learner Attributes，" which is used in more than 160 countries. https://www.cambridgeinternational .org/support-and-training-for-schools/teaching-cambridge-at-your-school/cambridge-learner-attributes/
15. Tatiana de Cassia Nakano and Solange Muglia Wechsler，"Creativity and Innovation: Skills for the 21st Century，" *Estudos de Psicologia* 35，no. 3 (2018): 237–246. https://doi.org/10.1590/ 1982–02752018000300002
16. O. C. Ribeiro and M. C. Moraes，*Criatividade em uma perspectiva transdisciplinar: Tompendo crenças，mitos e concepçõe* (Líber Livro，2014) as quoted in Tatiana de Cassia Nakano and Solange Muglia Wechsler，"Creativity and Innovation: Skills for the 21st Century，" *Estudos de Psicologiav* 35, no. 3 (2018). https://www.scielo.br/j/estpsi/a/vrTxJGjGnYFLqQGcTzFgfcp/ ?lang=en&format=html
17. L. Zeng，P.R.W. Proctor，and G. Salvendy，"Can Traditional Divergent Thinking Tests Be Trusted in Measuring and Predicting Real-World Creativity?" Creativity Research Journal 23，no. 1 (2011): 24–37 as quoted in "Creativity and Innovation: Skills for the 21st Century，" *Estudos de Psicologia* 35，no. 3 (2018). https://www.scielo.br/j/estpsi/a/vrTxJGjGnYFLqQGcTzF gfcp/?lang=en&format=html
18. Retrieved March 2021 from https://www.mindtools.com/pages/article/professionalism.htm
19. Retrieved March 2021 from http://graduate.auburn.edu/wp-content/uploads/2016/08/What-is-PROFESSIONALISM.pdf
20. Retrieved February 2022 from https://blogs.lse.ac.uk/management/2018/04/03/breaking-promises-is-bad-for-business/

21. Brandman University，"Professionalism in the Workplace: A Guide for Effective Eti-quette." Retrieved March 2021 from https://www.experd.com/id/whitepapers/2021/03/1583/ professionalism-in-the-workplace.html
22. Jillian de Araugoa and Richard Beal，"Professionalism as Reputation Capital: The Moral Imperative in the Global Financial Crisis，" *Social and Behavioral Sciences* 99 (2013): 351–362.
23. Johanna Westbrook et al.，"The Prevalence and Impact of Unprofessional Behaviour Among Hospital Workers: A Survey in Seven Australian Hospitals，" *Medical Journal of Australia* 214，no. 1 (2021): 31–37. doi: 10.5694/mja2.50849
24. Retrieved February 2022 from https://www.teamwork.com/project-management-guide/why-is-project-management-important/
25. https://www.pmi.org/-/media/pmi/documents/public/pdf/learning/thought-leadership/why-good-strategies-fail-report.pdf/
26. Retrieved February 2022 from https://www.fastcompany.com/3054547/six-companies-that-are-redefining-performance-management

Chapter 6 長年蟬聯《財星》五百大企業名單的祕密

1. Retrieved March 2021 from https://www.investopedia.com/terms/s/silo-mentality .asp#:~:text=In%20 business%2C%20organizational%20silos%20refershared%20because%20 of%20system%20limitations
2. Retrieved March 2021 from https://www.adb.org/sites/default/files/publication/27562/ bridging-organizational-silos.pdf
3. Retrieved March 2021 from https://www.forbes.com/sites/brentgleeson/2013/10/02/the-silo-mentality-how-to-break-down-the-barriers/?sh=2921022d8c7e
4. Retrieved March 2021 from https://www.investopedia.com/terms/s/silo-mentality .asp#:~:text=In%20 business%2C%20organizational%20silos%20refershared%20because%20 of%20system%20limitations
5. Retrieved March 2021 from http://www.managingamericans.com/Accounting/Success/ Breaking-Down-Departmental-Silos-Finance-394.htm
6. etrieved March 2021 from https://hbr.org/2019/05/cross-silo-leadership
7. https://www.ericsson.com/en/blog/2021/5/technology-for-good-how-tech-is-helping-us-restore-planet-earth
8. Retrieved March 2021 from https://www.businessmodelsinc.com/machines/
9. Retrieved March 2021 from https://smallbusiness.chron.com/strategic-flexibility-rigidity-barriers-development-management-65298.html
10. Retrieved March 2021 from https://www.linkedin.com/pulse/process-rigidity-leads-organizational-entropy-milton-mattox
11. Retrieved February 2022 from https://blog.lowersrisk.com/culprits-complacency/
12. https://www.businessnewsdaily.com/8122-oldest-companies-in-america.html
13. https://delawarebusinesstimes.com/news/features/dupont-creates-new-digital-center/
14. https://www.aei.org/carpe-diem/fortune-500-firms-1955-v-2017-only-12-remain-thanks-to-the-creative-destruction-that-fuels-economic-prosperity/
15. https://www.nationalbusinesscapital.com/blog/2019-small-business-failure-rate-startup-statistics-industry/
16. https://www.gartner.com/en/human-resources/insights/organizational-change-management

Chapter 7 效法環保自行車Bamboocycles的巨大成功

1. 如果企業停止開發新東西，創意就會下降、靈感處處受限。詳見：https://bettermarketing.pub/the-problem-with-creativity-3fdf7c061803
2. https://www.anastasiashch.com/business-creativity
3. https://hbr.org/2002/08/creativity-is-not-enough
4. https://www.forbes.com/sites/work-in-progress/2010/04/15/are-you-a-pragmatic-or-idealist-leader/?sh=72b90bbf3e67; https://hbr.org/2012/01/the-power-of-idealistic-realis
5. https://www.linkedin.com/pulse/problem-creativity-its-free-tom-goodwin
6. https://www.irwinmitchell.com/news-and-insights/newsletters/focus-on-manufacturing/ edition-6-industry-40-and-property
7. https://hbr.org/2012/09/are-you-solving-the-right-problem
8. https://www.mantu.com/blog/business-insights/is-the-status-quo-standing-in-the-way-of-productivity/

9. https://krisp.ai/blog/why-do-people-hate-productivity-heres-how-to-embrace-it/
10. https://www.bbc.com/worklife/article/20180904-why-time-management-so-often-fails
11. https://hAppilyrose.com/2021/01/10/productivity-culture/
12. https://www2.deloitte.com/xe/en/insights/topics/innovation/unshackling-creativity-in-business.html
13. 根據OECD的說明，所謂結果，是由輸出、成果與影響共同組成。
14. https://www.oecd.org/dac/results-development/what-are-results.htm
15. https://businessrealities.eiu.com/in-brief-shifting-customer-demands
16. Robert J. Sternberg and Todd I. Lubart，"An Investment Theory of Creativity and Its Development，" *Human Development* 34，no. 1 (January–February 1991): 1–31.
17. 同上。
18. https://www.inc.com/marc-emmer/95-percent-of-new-products-fail-here-are-6-steps-to-make-sure-yours-dont.html
19. https://www.vttresearch.com/en/news-and-ideas/business-case-creativity-why-invest-organizational-creativity
20. In line with Chris Savage' s opinion (2018). Please refer to https://wistia.com/learn/culture/ investing-in-creativity-isnt-just-a-money-problem
21. https://www.forbes.com/sites/adamhartung/2015/02/12/the-reason-why-google-glass-amazon-fire-phone-and-segway-all-failed/?sh=69676682c05c

Chapter 8 中國最大的房地產企業恆大集團垮台的原因

1. https://www.bbc.com/news/business-58579833; https://www.investopedia.com/terms/v/ venturecapital.asp; https://www.investopedia.com/terms/p/privateequity.asp
2. https://www.topuniversities.com/student-info/careers-advice/7-most-successful-student-businesses-started-university
3. https://newsroom.airasia.com/news/airasia-group-is-now-capital-a
4. https://www.wired.com/story/great-resignation-tech-workers-great-reconsideration/
5. https://hbr.org/2021/05/why-start-ups-fail

Chapter 9 造就瘋狂席捲全世界的抖音

1. https://www.scmp.com/tech/big-tech/article/3156192/tiktok-owner-bytedance-post-60-cent-revenue-growth-2021-media-report
2. https://asia.nikkei.com/Business/36Kr-KrASIA/TikTok-creator-ByteDance-hits-425bn-valuation-on-gray-market
3. https://hbr.org/2020/07/how-spotify-and-tiktok-beat-their-copycats
4. https://www.ycombinator.com/library/3x-hidden-forces-behind-toutiao-china-s-content-king; https://digital.hbs.edu/platform-digit/submission/toutiao-an-ai-powered-news-platform/
5. 這點最早由IDEO提出，用於人本設計，參考 *The Field Guide to Human-Centered Design* (IDEO，2015)，14; Kristann Orton，"Desirability，Feasibility，Viability: The Sweet Spot for Innovation，" Innovation Sweet Spot (March 28，2017). https://medium.com/innovation-sweet-spot/desirability-feasibility-viability-the-sweet-spot-for-innovation-d7946de2183c
6. 顧客、競爭對手和企業要件係指 Kenichi Ohmae所提的概念 *The Mind of the Strategist: The Art of Japanese Business* (McGraw-Hill，1982).
7. https://www.ariston.com/en-sg/the-comfort-way/news/ariston-launches-singapores-first-ever-wifi-enabled-smart-water-heater-with-App-controls-the-andris2-range/
8. https://www.autocarpro.in/news-international/f1-legend-niki-lauda-dies-aged-70-43064
9. https://martinroll.com/resources/articles/strategy/uniqlo-the-strategy-behind-the-global-japanese-fast-fashion-retail-brand/; https://www.fastretailing.com/eng/group/strategy/ uniqlobusiness.html
10. 想進一步了解「市場驅動型」與「驅動市場型」企業的差異，請參考：Nirmalya Kumar，Lisa Scheer，and Philip Kotler，"From Market Driven to Market Driving，" *European Management Journal* 18，no. 2 (2000): 129–142. https:// ink.library.smu.edu.sg/lkcsb:research/5196; Andrew Stein，"9 Differences Between Market-Driving And Market-Driven Companies." http://steinvox.com/blog/9-differences-between-market-driving-and-market-driven-companies/
11. https://www.ideatovalue.com/inno/nickskillicorn/2019/07/ten-types-of-innovation-30-new-case-stud-

ies-for-2019/
12. https://www.linkedin.com/pulse/subscription-economy-did-start-power-by-the-hour-gene-likins
13. https://www.23andme.com/en-int/; https://www.mobihealthnews.com/news/23andme-heads-public-markets-through-spac-merger-vg-acquisition-corp; https://www.virgin.com/ about-virgin/virgin-group/news/23andme-and-virgin-groups-vg-acquisition-corp-successfully-close-business
14. https://www.retailbankerinternational.com/news/n26-transferwise-expand-alliance-to-support-fund-transfers-in-over-30-currencies
15. https://open-organization.com/en/2010/04/01/open-innovation-crowdsourcing-and-the-rebirth-of-lego
16. https://www.pwc.com/us/en/library/case-studies/axs.html
17. 資料來源是PwC和Interbrand。這個分析運用Interbrand在2018年的資料，以對應PwC發布研究報告的年分。
18. 同上。
19. 同上。
20. 同上。
21. 同上。
22. 同上。

Chapter 10 揭開Netflix每年會員暴增千萬人的奇蹟

1. https://about.netflix.com/en/sustainability
2. https://press.farm/founder-ceo-netflix-reed-hastings-definitive-startup-guide-successful-entrepreneurs/#:~:text=Born%20in%20Boston%2C%20Massachusetts%2C%20Reed，a%20Master's%20in%20artificial%20intelligence
3. https://www.bbc.com/news/business-60077485
4. AlanGutterman，*Leadership: A Global Survey of Theory and Research* (August2017).10.13140/RG.2.2.35297.40808
5. 欲了解變革型領導，參考：JamesM.Kouzes andBarryZ.Posner，*The Leadership Challenge: How to Make Extraordinary Things HAppen in Organizations*，6thed. (Wiley, 2017) ;AbdullahM.Abu-Tineh，SamerA.Khasawneh, and AiemanA.Al-Omari, "KouzesandPosner'sTransformationalLeadership ModelinPractice: TheCaseofJordanianSchools," *Leadership & Organization Development Journal*29，no.8 (2009). https://www.researchgate.net/publication/234094447
6. DanielGoleman，"LeadershipThatGetsResults，" Harvard Business Review(March–April2000).
7. JimCliftonandJimHarter *It's the Manager: Moving From Boss to Coach*(Washington，DC: Gallup-Press，2019).
8. RitaGuntherMcGrathandIanC.MacMillan，*The Entrepreneurial Mindset: Strategies for Continuously Creating Opportunity in an Age of Uncertainty* Boston，MA:HarvardBusiness SchoolPress，2000).
9. https://www.bdc.ca/en/articles-tools/entrepreneurial-skills/be-effective-leader/7-key-leadership-skills-entrepreneurs
10. https://www.ccl.org/articles/leading-effectively-articles/are-leaders-born-or-made-perspectives-from-the-executive-suite/
11. https://www.antoinetteoglethorpe.com/entrepreneurial-leadership-why-is-it-important/
12. MuhammadShahidMehmood，ZhangJian，UmairAkram，andAdeelTariq，"Entrepreneurial Leadership:TheKeytoDevelopCreativityinOrganizations，" *Leadership & Organization Development Journal*(February2021).DOI:10.1108/LODJ-01–2020–0008
13. JuanYang，ZhenzhongGuan，andBoPu，"MediatingInfluencesofEntrepreneurial LeadershiponEmployeeTurnoverIntentioninStartups，" *Social Behavior and Personality:An International Journal*47，no.6(2019):8117.
14. https://thomasbarta.com/what-is-marketing-leadership/
15. https://engageforsuccess.org/strategic-leadership/marketing-strategy/
16. https://www.forbes.com/sites/steveolenski/2015/01/07/4-traits-of-successful-marketing-leaders/?sh=48796a83fde8
17. https://deloitte.wsj.com/articles/the-cmo-survey-marketers-rise-to-meet-challenges-01634922527
18. https://cmox.co/marketing-leadership-top-5-traits-of-the-best-marketing-leaders/
19. https://www.launchteaminc.com/blog/bid/149575/what-s-the-leader-s-role-in-marketing-success
20. https://www2.deloitte.com/us/en/pages/chief-marketing-officer/articles/cmo-council-report.html

21. https://courses.lumenlearning.com/principlesmanagement/chapter/1–3-leadership-entrepreneurship-and-strategy/
22. https://online.hbs.edu/blog/post/strategy-implementation-for-managers
23. https://home.kpmg/xx/en/home/insights/2019/11/customerloyalty-survey.html
24. https://www2.deloitte.com/content/dam/insights/us/articles/4737_2018-holiday-survey/2018 Deloitte-HolidayReportResults.pdf
25. https://www.statista.com/statistics/264875/brand-value-ofthe-25most-valuable-brands/
26. https://www.forbes.com/sites/jackzenger/2015/01/15/great-leaders-candouble-profits-research-shows/?sh=3b6094776ca6
27. https://businessrealities.eiu.com/insightsfield-balancingstakeholder-expectations-requires-communication
28. https://hbr.org/2015/04/calculatingthe-market-value-of-leadership
29. https://blog.orgnostic.com/how-can-investors-measure-the-market-value-of-leadership/
30. https://www2.deloitte.com/content/dam/Deloitte/global/Documents/HumanCapital/dttl-hc leadership-premium-8092013.pdf
31. 不同參考來源：GabrielHawawiniandClaudeViallet，*Finance for Executives*(Mason，OH:CengageLearning，2019);https://en.wikipedia.org/wiki/Price%E2%80%93earnings_ratio; https://www.investopedia.com/terms/p/price-earningsratio.asp;https://www.investopedia. com/investing/use-pe-ratio-and-peg-totell-stocksfuture/; https://www.moneysense.ca/save/ investing/what-is-priceto-earnings-ratio/;https://corporatefinanceinstitute.com/resources/ knowledge/valuation/price-earnings-ratio/;https://ycharts.com/glossary/terms/pe_ratio; https://www.forbes.com/advisor/investing/what-is-pepriceearnings-ratio/;https://cleartax. in/s/price-earnings-ratio
32. 不同參考來源：GabrielHawawiniandClaudeViallet，*Finance for Executives*(Mason，OH:Cengage-Learning，2019);https://www.investopedia.com/terms/p/price-to-bookratio. asp;https://www.investopedia.com/investing/using-pricetobookratio-evaluate-companies/; https://corporatefinanceinstitute.com/resources/knowledge/valuation/market-t obook-ratio-pricebook/; https://en.wikipedia.org/wiki/P/B_ratio; https://www.fool.com/investing/howto-invest/stocks/priceto-book-ratio/;https://groww.in/p/price-to-bookratio/; https://gocardless. com/en-au/guides/posts/what-is-price-bookratio/
33. https://www.forbes.com/sites/martinzwilling/2015/11/03/10-leadership-elements-that-maximize-business-value/?sh=418f3b4568a1
34. https://www.leaderonomics.com/articles/leadership/market-valueof-leadership
35. https://www.investopedia.com/terms/p/price-earningsratio.asp
36. https://hbr.org/2020/03/are-you-leading-through-thecrisisormanaging-theresponse
37. https://leadershipfreak.blog/2016/04/27/overledand-under-managed/
38. RitaGuntherMcGrath，"HowtheGrowthOutliersDoIt，" *Harvard Business Review* (January–February 2012).

Chapter 11 星展銀行成為亞洲最佳銀行的關鍵本領

1. https://www.finextra.com/pressarticle/73937/dbs-to-roll-out-live-more-bank-less-rebrand-as-digital-transformation-takes-hold
2. https://www.dbs.com/newsroom/DBS_invests_in_mobile_and_online_classifieds_ marketplace_Carousell
3. https://blog.seedly.sg/dbs-ocbc-uob-valuations/
4. https://www.dbs.com/about-us/who-we-are/awards-accolades/2020.page
5. https://sdgs.un.org/2030agenda
6. World Economic Forum，"What Is the Gig Economy and What' s the Deal for Gig Workers?" (May 26，2022). https://www.weforum.org/agenda/2021/05/what-gig-economy-workers/ 7https://www.en-trepreneur.com/article/381850
7. https://www.entrepreneur.com/article/381850
8. https://www.northbaybusinessjournal.com/article/opinion/outlook-for-the-gig-economy-freelancers-could-grow-to-50-by-2030/
9. https://ellenmacarthurfoundation.org/topics/circular-economy-introduction/overview
10. https://www.dnv.com/power-renewables/publications/podcasts/pc-the-rise-of-the-circular-economy.html
11. https://wasteadvantagemag.com/the-rise-of-the-circular-economy-and-what-it-means-for-your-home/#:~:text=The%20Rise%20Of%20The%20Circular%20Economy%20and%20 What%20 It%20Means%20For%20Your%20Home，July%2024%2C%202019&text=According%20 to%20

research%20by%20Accenture，new%20jobs%20by%20then%20too
12. https://www.forbes.com/sites/forbesagencycouncil/2021/12/21/what-is-the-metaverse-and-how-will-it-change-the-online-experience/?sh=21a761f52f32
13. https://www.newfoodmagazine.com/news/158831/plant-based-consumption-uk/
14. https://www.weforum.org/agenda/2019/09/technology-global-goals-sustainable-development-sdgs/
15. https://www.fastcompany.com/1672435/nike-accelerates-10-materials-of-the-future
16. https://www.themarcomavenue.com/blog/how-xiaomi-is-dominating-the-global-smartphone-market/
17. https://gs.statcounter.com/vendor-market-share/mobile
18. https://www.themarcomavenue.com/blog/how-xiaomi-is-dominating-the-global-smartphone-market/
19. https://www.quora.com/Why-are-Oppo-and-Vivo-spending-so-much-on-advertising
20. https://www.livemint.com/news/business-of-life/yolo-fomo-jomo-why-gens-y-and-z-quit-1567429692504.html
21. Philip Kotler，Hermawan Kartajaya，and Iwan Setiawan，*Marketing 4.0: Moving from Traditional to Digital* (Hoboken，NJ: Wiley，2017).
22. https://egade.tec.mx/en/egade-ideas/research/experience-demanding-customer
23. 我們在此稱作TOWS而非SWOT分析，以凸顯分析本質更加向外看（外部導向），而不是向內看（內部導向）。
24. ttps://www.referenceforbusiness.com/encyclopedia/Dev-Eco/Distinctive-Competence.html
25.「策略意圖」（strategic intent）一詞是Gary Hamel與C. K. Prahalad在1980代末期所發明。
26. VRIO分析架構是Jay Barney在1991年所提出。
27. Jay B. Barney; https://thinkinsights.net/strategy/vrio-framework/
28. https://www.designnews.com/design-hardware-software/what-can-design-engineers-learn-ikea
29. Several shifts in marketing concepts (so-called new wave marketing) are discussed in Philip Kotler，Hermawan Kartajaya，and Den Huan Hooi，*Marketing for Competitiveness: Asia to the World!* (Singapore: World Scientific，2017).
30. The get，keep，and grow activities (excluding win back) refer to Steve Blank and Bob Dorf，*The Start-Up Manual: The Step-by-Step Guide for Building a Great Company* (Hoboken，NJ: Wiley，2020)，Figure 3.10 and Table 3.3.
31. David A. Aaker，*Building Strong Brands* (New York，NY: Free Press，1995).

Chapter 12 撼動電商市場的王者App蝦皮

1. https://hrmasia.com/talent-search-shopee/;https://www.linkedin.com/company/shopee/ about/;https://careers.shopee.co.id/;https://careers.shopee.co.id/job-detail/6078;https:// medium.com/shopee/the-role-of-brand-design-in-cultivating-a-powerful-employer-brand-6bc574143bca;https://www.reuters.com/article/us-sea-mexico-idUSKBN2AM2BS
2. https://www.weforum.org/agenda/2016/01/the-fourth-industrial-revolution-what-itmeans and-howto-respond/
3. 同上。
4. https://www.indeed.com/career-advice/finding-a-job/ traitsofcreative-people; http://resourcemagonline.com/2020/01/what-are-thecharacteristics-ofcreativepeople-and-areyou-one-of-them/181380/; https://www.verywellmind.com/characteristics-ofcreative-people2795488; https://www.tutorialspoint.com/creative_prob-lem_solving/creative_problem_solving_qualities.htm;https://thesecondprinciple.com/understanding-creativity/creativetraits/
5. https://www.fastcompany.com/90683974/howandwhytotrainyourbrainto-bemore-curious-atwork
6. https://www.inc.com/martin-zwilling/how-to-grow-your-business-by-thinking-outside-the-box.html
7. https://hbr.org/2016/10/help-employees-innovate-by-giving-them-the-right-challenge
8. https://kantaraustralia.com/what-stands-in-the-way-of-creative-capability/; https://www.googlesir.com/characteristics-of-a-creative-organization/; https://slideplayer.com/slide/14881811/; https://www.slideshare.net/gdpawan/creative-organisation; https://www.iedp.com/articles/managing-creativity-in-organizations/; https://hbr. org/2017/05/how-to-nourish-your-teams-creativity
9. https://www.forbes.com/sites/forbescoachescouncil/2019/05/13/how-to-break-down-silos-and-enhance-your-companysculture/?sh=41f35a5d4ab1
10. https://www.forbes.com/sites/forbeshumanresourcescouncil/2020/09/09/how-autonomous-teams-enhance-employee-creativity-and-flexibility/?sh=66cf7415538e
11. https://hbr.org/2019/01/thehard-truth-about-innovative-cultures

12. https://www.workamajig.com/blog/creative-resource-management-basics
13. https://www.flexjobs.com/employer-blog/companies-use-flexibility-foster-creativity/
14. https://hbr.org/2019/03/strategy-needs-creativity
15. https://www.forbes.com/sites/rebeccabagley/2014/01/15/the-10-traits-of-great-innovators/?sh=192 e0b-7f4bf4; https://dobetter. esade.edu/en/characteristics-innovative-people?_wrApper_format=html; https://ideascale. com/blog/10-qualities-of-great-innovators/; https://inusual.com/en/blog/five-characteristics-that-define-successful-innovators; https://hbr.org/2013/10/thefivecharacteristics-of-successful-innovators
16. https://www.forbes.com/sites/larrymyler/2014/06/13/innovationis-problem-solving-and-awhole-lot-more/?sh=301612c233b9
17. https://www.techfunnel.com/information-technology/continuous-innovation/
18. https://www.forbes.com/sites/forbestechcouncil/2019/10/17/innovation-starts-with-ownership-how-to-foster-creativity-internally/?sh=58de6d3d4087
19. https://www.fastcompany.com/90597167/6-habits-of-the-most-innovative-people; https://hbr.org/2002/08/inspiring-innovation; https://quickbooks.intuit.com/ca/resources/uncategorized/common-characteristics-innovative-companies/; https://innovationmanagement.se/2012/12/18/the-seven-essential-characteristics-of-innovative-companies/; https://smallbusiness.chron.com/ top-three-characteristics-innovative-companies-10976.html; https://www.linkedin.com/pulse/eight-traits-innovative-companiesashley-leonzio; https://innovationone.io/six-traits-highly-innovative-companies/; https://www.forbes.com/sites/marymee-han/2014/07/08/innovation-ready-the-5-traits-innovative-companies-share/?sh=69c83bd01e28; https://miller-klein. com/2020/06/15/what-are-the-characeristics-of-innovative-companies/
20. https://www.forbes.com/sites/forbestechcouncil/2019/03/28/spurinnovation-bysharingknowledge-enter prisewide/?sh=1d03e0b55ce0
21. https://www.babson.edu/media/babson/site-assets/content-assets/about/academics/centres-and-institutes/the-lewis-institute/fund-for-global-entrepreneurship/Entrepreneurial-Thought-and-Action-(ETA).pdf; https://online.hbs.edu/blog/post/characteristicsof-successful-entrepreneurs; https://www.forbes.com/sites/ theyec/2020/05/11/six-personality-traitsofsuccessful-entrepreneurs/?sh=505d02470ba9; https://www.forbes.com/sites/tendayiviki/2020/02/24/thefour-characteristics-ofsuccessful-intrapreneurs/?sh=5546a5b17cad
22. https://www.forbes.com/sites/forbesbusinesscouncil/2021/07/29/threesteps-to-findthe-best-opportunities-foryourbusiness/?sh=1dc8f6e34d87
23. https://www.forbes.com/sites/chriscarosa/2020/08/07/why-successful-entrepreneurs-need-to-be-calculated-risk-takers/?sh=17d917142f5b
24. https://www.inc.com/peter-economy/7super-successful-strategies-tocreate-a-powerfully-entrepreneurial-culture-in-any-business.html; https://www. fastcompany.com/90158100/how-to-build-an-entrepreneurial-culture-5-tips-from-eric-ries; https://hbr.org/2006/10/meeting-the-challenge-of-corporate-entrepreneurship; https://medium. com/@msena/corporate-entrepreneurship-in-8-steps7e6ce75db88a; https://www.business. com/articles/12-ways-foster-entrepreneurial-culture/
25. https://www.forbes.com/sites/forbesbusinesscouncil/2021/03/11/three-lessons-on-creating-a-culture-of-learning/?sh=6e03101a5d13
26. https://www.forbes.com/sites/forbesfinancecouncil/2020/04/15/how-an-ownership-mindset-can-change-your-teams-culture/?sh=4b1987434b8b
27. 同上。
28. https://www.forbes.com/sites/deeppatel/2017/03/22/11-powerful-traits-of-successful-leaders/?sh=5fe70ebc469f; https://online.hbs.edu/blog/post/characteristics-of-aneffective-leader; https://www.gallup.com/cliftonstrengths/en/356072/ how-to-be-better-leader.aspx; https://asana.com/resources/qualities-of-aleader; https://www.briantracy.com/blog/personal-success/the-seven-leadership-qualities-of-great-leaders-strategic-planning/
29. https://www.pmi.org/-/media/pmi/documents/public/pdf/learning/thought-leadership/pulse/ pulse-of-the-profession-2017.pdf
30. https://www.forbes.com/sites/theyec/2021/01/19/nine-communication-habits-of-great-leaders-andwhy-they-makethem-so-great/?sh=1c87617b6ec9
31. https://www.forbes.com/sites/forbescoachescouncil/2021/07/27/achieve-more-success-by-leading-from-your-helicopter/?sh=681b362d57e8
32. https://www.entrepreneur.com/article/335996; https:// learnloft.com/2019/07/24/how-the-best-leaders-create-more-leaders/;https://www.inc.com/tom-searcy/4-ways-to-build-leaders-not-followers.html;

https://hbr.org/2003/12/developing-your-leadership-pipeline; https://www.themuse.com/advice/5-strategies-that-will-turn-your-employees-into-leaders
33. https://www.forbes.com/sites/forbesbusinesscouncil/2021/08/05/three-ways-you-can-be-a-leader-and-mentor-to-those-on-your-same-path/?sh=738f6f8044ad
34. https://hbr.org/2019/03/as-your-team-gets-bigger-your-leadership-style-has-to-adapt
35. https://scienceofzen.com/productivitystate-mind-heres-get; https://hbr.org/2020/05/want-to-be-more-productive-try-doing-less; https://sloanreview. mit.edu/article/own-your-time-boost-your-productivity/; https://www.nytimes.com/guides/ business/how-to-improve-your-productivity-at-work; https://news.mit.edu/2019/how-does-your-productivity-stack-up-robert-pozen-0716; https://www.cnbc.com/2019/04/11/mit researcher-highly-productive-people-do-these-5-easy-things.html
36. https://hbr.org/2020/05/want-to-be-more-productive-try-doing-less
37. https://www.inc.com/samira-far/5-monotasking-tips-that-will-save-your-brain-and-make-you-more-successful.html
38. https://www.forbes.com/sites/theyec/2021/09/20/ five-tipstoincreaseproductivityin-the-workplace/?sh=49f09626257b; https://www.businesstown.com/8-ways-increaseproductivityworkplace/; https://www.forbes.com/sites/forbeslacouncil/2019/09/18/12-timetestedtechniques-to-increaseworkplace-productivity/?sh=4a7d6b9c274e;https://www.forbes.com/sites/theyec/2020/07/13/wanta-more-productive-focused-team-encourage-these10-habits/?sh=2d64cc5f2ef9; https://www. lollydaskal.com/leadership/6-powerful-habits-of-the-most-productive-teams/; https://blogin.co/ blog/7-habits-of-highly-productive-teams-74/
39. https://clockify.me/blog/productivity/team-time-management/
40. https://www.fearlessculture.design/blog-posts/pixar-culture-design-canvas
41. https://www.spica.com/blog/kaizen-principles; https://createvalue.org/blog/tips-creating-continuous-improvement-mindset/; https://mitsloan.mit.edu/ideas-made-to-matter/8-step-guide-improving-workplace-processes; https://hbr.org/2012/05/its-time-to-rethink-continuous; https://hbr.org/2010/10/four-top-management-beliefs-th
42. https://www.velaction.com/curiosity/
43. https://hbr.org/2012/09/are-you-solving-the-right-problem
44. https://hbr.org/2012/05/its-time-to-rethink-continuous
45. https://hbr.org/2021/05/break-down-change-management-into-small-steps
46. https://au.reachout.com/articles/a-step-by-step-guide-to-problem-solving
47. https://tulip.co/blog/continuous-improvement-with-kaizen/; https://www.mckinsey.com/business-functions/operations/our-insights/continuous-improvement-make-good-management-every-leaders-daily-habit; https://sloanreview.mit. edu/article/americas-most-successful-export-to-japan-continuous-improvement-programs/; https://theuncommonleague.com/blog/2018618/creating-a-mindsetof-continuous-process-improvement; https://hbr.org/2019/05/creating-a-cultureof-continuous-improvement; https:// www.zenefits.com/workest/top-10-ways-to-improve-employeeefficiency/
48. https://www.viima.com/blog/collect-ideas-from-frontline-employees
49. https://www.industryweek.com/talent/education-training/article/21958430/action-learning-key-to-developing-an-effective-continuous-improvement-culture
50. https://hbr.org/2021/05/break-down-change-management-into-small-steps
51. https://smallbusiness.chron.com/build-professionalism-709.html; https://www.robinwaite.com/blog/7-ways-to-develop-and-practice-professionalism/; https://www.umassglobal.edu/news-and-events/blog/ professionalism-and-workplace-etiquette; https://www.conovercompany.com/5-waystoshow-professionalism-inthe-workplace/
52. https://www.robinwaite.com/blog/7-ways-to-develop-and-practice-professionalism/
53. 同上。
54. https://www.oxfordlearnersdictionaries.com/definition/american_english/ integrity#:~:text=noun-，noun，a%20man%20of%20great%20integrity
55. https://www2.deloitte.com/content/dam/Deloitte/sk/Documents/Random/sk_deloitte_code_ ethics_conduct.pdf
56. https://www.forbes.com/sites/forbesbusinesscouncil/2021/03/11/three-lessons-oncreating-a-culture-of-learning/?sh=6e03101a5d13
57. https://www.pmi.org/learning/library/core-competencies-successful-skill-manager-8426; https://bizfluent.com/info-8494191-analytical-skillsmanagement.html; https://distantjob.com/blog/helicopter-manager-remote-team/; https://www.lucidchart.com/blog/plan-do-check-act-cycle; https://www.team-

work.com/ project-management-guide/project-management-skills/
58. https://www.forbes.com/sites/forbescoachescouncil/2021/07/27/achieve-more-success-by-leading-from-your-helicopter/?sh=681b362d57e8
59. https://www.pmi.org/-/media/pmi/documents/public/pdf/learning/thought-leadership/pulse/ pulse-of-the-profession-2017.pdf
60. 同上。
61. https://www.forbes.com/sites/brianscudamore/2016/03/09/whyteam-building-is-themost-important-investment-youll-make/?sh=1657a771617f
62. https://www.investopedia.com/terms/s/succession-planning.asp; https://www.vital-learning.com/blog/how-to-build-better-manager; https://thepalmergroup.com/blog/the-importance-of-open-communication-in-the-workplace/
63. https://hbr.org/2016/10/the-performance-management-revolution
64. https://hbr.org/2014/06/how-to-give-your-team-feedback
65. RobSilzerandBenE. Dowell，*Strategy DrivenTalentManagement: ALeadershipImperative* (San-Francisco，CA:Jossey-Bass，2010).

Chapter 13 最有價值的奢侈品Louis Vuitton逆勢成長之道

1. https://www.lvmh.com/news-documents/press-releases/new-records-for-lvmh-in-2021/
2. https://fashionunited.uk/news/fashion/louis-vuitton-ranks-as-most-valuable-luxury-company-in-inter-brand-s-2021-top-global-brands/2021110258951
3. https://www.lvmh.com/news-documents/press-releases/new-records-for-lvmh-in-2021/
4. https://www.investors.com/etfs-and-funds/sectors/sp500-companies-stockpile-1-trillion-cash-investors-want-it/
5. https://www.kotaksecurities.com/ksweb/articles/why-is-the-cash-flow-statement-important-to-share-holders-and-investors
6. James Demmert是Main Street Research創辦人與共同管理者，詳見：https://money.usnews.com/investing/dividends/articles/what-is-a-good-dividend-payout-ratio
7. https://www.investopedia.com/articles/03/011703.asp
8. Adapted from Gabriel Hawawini and Claude Viallet，*Finance for Executives: Managing for Value Creation* (Mason，OH: South-Western College Publishing，1999).
9. 營業利益（又稱作營利）是指銷售額（或是合併其他收入後統稱營收）減去所有營業費用，包括銷貨成本（COGS）、銷管費用（SGA）、折舊和攤銷。
10. https://www.growthforce.com/blog/how-giving-discounts-can-destroy-your-business-profits
11. https://www.mckinsey.com/business-functions/marketing-and-sales/our-insights/the-power-of-pricing
12. https://www.marketingweek.com/marketers-continue-to-waste-money-as-only-9-of-digital-ads-are-viewed-for-more-than-a-second/?nocache=true&adfesuccess=1
13. Adapted from Gabriel Hawawini and Claude Viallet，Finance for Executives: Managing for Value Creation (Mason，OH: South-Western College Publishing，1999).
14. Chris B. Murphy，"What Is Net Profit Margin? Formula for Calculation and Examples，" *Investopedia* (October 2021). https://www.investopedia.com/terms/n/net_margin.asp
15. https://www.theactuary.com/features/2020/07/08/joining-dots-between-operational-and-non-operational-risk; https://corporatefinanceinstitute.com/resources/knowledge/accounting/ non-operating-income/; https://www.accountingtools.com/articles/non-operating-income-definition-and-usage.html#:~:text=Examples%20of%20non%2Doperating%20income%20 include%20dividend%20income%2C%20 asset%20impairment，losses%20on%20foreign%20 exchange%20transactions.
16. https://valcort.com/assets-marketing-assets/
17. https://www.cbinsights.com/research/report/how-uber-makes-money/
18. https://www.forbes.com/advisor/investing/roa-return-on-assets/
19. 通常可以在資產負債表上列出的無形資產包括專利、版權、特許經營權、許可證和商譽。參考Hawawini和Viallet（1999）。
20. https://investor.maersk.com/static-files/b4df47ef-3977–412b-8e3c-bc2f02bb4a5f
21. https://bizfluent.com/info-8221377-types-income-statements-marketing-expenses.html
22. https://www.investopedia.com/ask/answers/041515/how-does-financial-accounting-help-decision-making.asp
23. https://www.pwc.com/sg/en/publications/assets/epc-transform-family-businesses-201805.pdf

Chapter 14 萬事達卡品牌價值8年內成長2倍的做法

1. https://www.marketingweek.com/the-top-100-most-valuable-global-brands-2013/; SunilGupta，SrinivasReddy，andDavidLane，"MarketingTransformationatMastercard，" *Harvard Business Review Case* 517-040(2019); https://www.kantar.com/campaigns/brandz/global
2. https://cmosurvey.org/wp-content/uploads/2021/08/The_CMO_Survey-Highlights_and_ Insights_Report-August_2021.pdf
3. 同上。
4. https://www2.deloitte.com/us/en/insights/topics/strategy/impact-of-marketing-finance-working-together.html
5. https://smallbusiness.chron.com/accounting-marketing-work-together-38276.html
6. https://www.investopedia.com/articles/personal-finance/053015/how-calculate-roi-marketing-campaign.asp
7. https://www.bigcommerce.com/ecommerce-answers/what-is-cost-per-acquisition-cpa-what-is-benchmark-retailers/
8. https://hbr.org/2014/12/why-corporate-functions-stumble
9. Basedon"CondensedConsolidatedStatementof Operations (Unaudited)of Apple."Apple considers-R&Dasoperationalexpenses.Pleaseseemoreathttps://www.Apple.com/newsroom/ pdfs/FY20-Q3_Consolidated_Financial_Statements.pdf
10. https://knowledge.wharton.upenn.edu/article/non-financial-performance-measures-what-works-and-what-doesnt/

Chapter 15 Google語音助理服務功能改變人們的生活

1. 原文標題high tech high touch借用John Naisbitt、Nana Naisbitt和Douglas Philips三人合著的書籍*High Tech High Touch: Technology and Our Accelerated Search for Meaning* (London: Nicholas Brealey Publishing，1999).
2. https://www.youtube.com/watch?v=D5VN56jQMWM
3. https://www.androidauthority.com/what-is-google-duplex-869476/
4. https://blog.google/technology/ai/making-ai-work-for-everyone/
5. https://www.theguardian.com/technology/2020/feb/05/amazon-workers-protest-unsafe-grueling-conditions-warehouse
6. https://www.bbc.com/news/business-56641847
7. https://www.wbur.org/onpoint/2021/07/09/the-prime-effect-amazons-environmental-impact
8. https://www.bbc.com/news/business-56641847
9. https://www.wbur.org/onpoint/2021/07/09/the-prime-effect-amazons-environmental-impact
10. https://cassavabagsaustralia.com.au/
11. https://www.npr.org/2022/02/04/1078050740/irma-olguin-why-we-should-bring-tech-economies-to-underdog-cities
12. https://hbr.org/2019/07/building-the-ai-powered-organization
13. https://www.collectivecampus.io/blog/10-companies-that-were-too-slow-to-respond-to-change
14. Scott Brinker與Jason Heller所提出，參考https://www.mckinsey.com/ business-functions/marketing-and-sales/our-insights/marketing-technology-what-it-is-and-how-it-should-work
15. https://www.currentware.com/blog/internet-usage-statistics/
16. https://www.statista.com/statistics/303817/mobile-internet-advertising-revenue-worldwide/
17. https://www.ama.org/journal-of-marketing-special-issue-new-technologies-in-marketing/
18. https://www.digitalmarketing-conference.com/the-impact-of-new-technology-on-marketing/
19. https://www.mckinsey.com/business-functions/people-and-organizational-performance/our-insights/unlocking-success-in-digital-transformations
20. https://seths.blog/2012/02/horizontal-marketing-isnt-a-new-idea/
21. https://www.retaildive.com/ex/mobilecommercedaily/mastercard-unveils-chatbot-platform-for-merchants-and-banks-along-with-wearable-payments
22. https://www.socxo.com/blog/5-ways-customer-advocacy-will-enhance-content-marketing/
23. https://blog.usetada.com/win-the-market-with-customer-advocacy
24. https://www.ibm.com/downloads/cas/EXK4XKX8

25. https://a-little-insight.com/2021/05/09/hm-are-greenwashing-us-again-can-fast-fashion-ever-be-ethical/
26. https://www.investopedia.com/terms/g/greenwashing.asp#:~:text=Greenwashing%20is%20 the%20 process%20of，company's%20products%20are%20environmentally%20friendly
27. https://www.bigissue.com/news/environment/hm-greenwashing-is-disguising-the-reality-of-fast-fashion/
28. https://ritzcarltonleadershipcenter.com/about-us/about-us-foundations-of-our-brand/
29. *The Future of Competition: Co-Creating Unique Value with Customers* (Boston，MA: Harvard Business Review Press，2004).
30. https://digital.hbs.edu/platform-digit/submission/my-starbucks-idea-crowdsourcing-for-customer-satisfaction-and-innovation/
31. https://skeepers.io/en/blog/customer-loyalty-increases-starbucks-profits
32. https://www.forbes.com/sites/forbestechcouncil/2019/01/08/dynamic-pricing-the-secret-weapon-used-by-the-worlds-most-successful-companies/?sh=3eadac2a168b
33. Philip Kotler，Hermawan Kartajaya，and Iwan Setiawan，Marketing 5.0: Technology for Humanity (Hoboken，NJ: Wiley，2021).
34. https://paradigmlife.net/perpetual-wealth-strategy
35. https://www.techopedia.com/definition/31036/webrooming
36. https://hbr.org/1992/07/high-performance-marketing-an-interview-with-nikes-phil-knight
37. https://www.bbc.com/news/entertainment-arts-55839655
38. https://www.singaporeair.com/en_UK/sg/travel-info/check-in/

Chapter 16 亞馬遜、沃爾瑪的科技實驗

1. https://www.g2.com/categories/compensation-management#:~:text=Compensation%20 management%20software%20helps%20organizations，report%20on%20company%20 compensation%20data
2. https://www.paycom.com/resources/blog/paycom-recognized-for-helping-businesses-thrive-in-2020/
3. https://www.cobizmag.com/the-future-of-work-how-technology-enables-remote-employees/
4. https://www.careermetis.com/ways-cloud-computing-improve-employee-productivity/
5. https://www.forbes.com/sites/forbespr/2013/05/20/forbes-insights-survey-reveals-cloud-collaboration-increases-business-productivity-and-advances-global-communication/?sh=295bd24d2a50
6. https://bernardmarr.com/amazon-using-big-data-to-understand-customers/
7. https://www.ibm.com/thought-leadership/institute-business-value/report/ar-vr-workplace
8. https://www.cae.com/news-events/press-releases/cae-healthcare-announces-microsoft-hololens-2-Applications-for-emergency-care-ultrasound-and-childbirth-simulators/#:~:text=and%20childbirth%20simulators-，CAE%20Healthcare%20announces%20Microsoft%20HoloLens%202%20Applications，care%2C%20ultrasound%20and%20childbirth%20simulators&text=CAE%20Healthcare%20announces%20the%20release，physiology%20into%20 its%20patient%20simulators
9. https:// //www.nytimes.com/2020/03/18/business/customization-personalized-products.html
10. https://3duniverse.org/2020/10/26/how-3d-printing-can-reduce-time-and-cost-during-product-development/
11. https://www.techrepublic.com/article/3-ways-robots-can-support-human-workers/
12. https://www.theverge.com/2020/2/27/21155254/automation-robots-unemployment-jobs-vs-human-google-amazon
13. https://www.oracle.com/internet-of-things/what-is-iot/
14. https://www.forbes.com/insights-inteliot/connecting-tomorrow/iot-improving-quality-of-life/#4add0b2717a5
15. https://www.machinemetrics.com/blog/industrial-iot-reduces-costs
16. https://medium.datadriveninvestor.com/how-manufacturers-use-iot-to-improve-operational-efficiency-2c9192cc9725
17. https://ati.ec.europa.eu/sites/default/files/2020–07/Industry%204.0%20in%20Aeronautics%20 %20 IoT%20Applications%20%28v1%29.pdf
18. https://www.icas.com/news/10-companies-using-big-data
19. https://digitalmarketinginstitute.com/blog/chatbots-cx-how-6-brands-use-them-effectively
20. https://www.iotworldtoday.com/2021/02/24/how-iot-devices-can-enhance-the-connected-customer-experience/
21. https://www.babycenter.com/
22. https://www.forbes.com/sites/forbesagencycouncil/2020/09/04/10-industries-likely-to-benefit-

from-arvr-marketing/?sh=f0461522ed2a
23. https://www.kaspersky.com/resource-center/definitions/what-is-facial-recognition
24. 4https://www.americanbanker.com/news/facial-recognition-tech-is-catching-on-with-banks
25. 同上。
26. https://www.meetbunch.com/terms/high-touch-support; https://www.providesupport.com/ blog/faq-page-customer-self-service-choose-questions-cover/; https://www.forbes.com/sites/ theyec/2020/11/12/four-easy-ways-to-increase-customer-loyalty/?sh=3b3edc1e55a1
27. https://hbr.org/2007/02/understanding-customer-experience; https://www.forbes. com/sites/blakemorgan/2019/09/24/50-stats-that-prove-the-value-of-customer-experience/?sh=1484d99f4ef2
28. https://www.seventhgeneration.com/values/mission
29. https://www.symbiosis.dk/en/
30. https://www.forbes.com/sites/justcapital/2018/04/20/these-5-companies-are-leading-the-charge-on-recycling/?sh=7a1727d423ec
31. https://www.unilever.com/reuse-refill-rethink-plastic/
32. https://www.ucsusa.org/resources/benefits-renewable-energy-use
33. https://theconversation.com/what-is-the-social-cost-of-carbon-2-energy-experts-explain-after-court-ruling-blocks-bidens-changes-176255
34. https://www.emg-csr.com/sdg-4–8-shell/
35. https://digitalmarketinginstitute.com/blog/corporate-16-brands-doing-corporate-social-responsibility-successfully
36. https://www.cnbc.com/2021/02/18/why-an-emboldened-walmart-is-looking-to-beyond-retail-for-future-growth.html; https://www.tradegecko.com/blog/supply-chain-management/ incredibly-successful-supply-chain-management-walmart#:~:text=Walmart's%20supply%20 chain%20management%20 strategy，competitive%20pricing%20for%20the%20consumer; https://querysprout.com/walmarts-competitive-advantages/; https://www.thestrategywatch. com/competitive-advantages-wal-mart/
37. https://corporate.walmart.com/purpose/sustainability

Chapter 17 半導體的王者台積電如何煉成？

1. Willy C. Shih，Chen-Fu Chien，Chintay Shih，and Jack Chang，"The TSMC Way: Meeting Customer Needs at Taiwan Semiconductor Manufacturing Co.，" *Harvard Business School Case* 610–003 (2009).
2. https://www.tsmc.com/english
3. Shih，Chien，Shih，and Chang，"The TSMC Way."
4. https://www.forbes.com/sites/ralphjennings/2021/01/11/taiwan-chipmaker-tsmc-revenues-hit-record-high-in-2020-stocks-follow/?sh=220c30343077
5. https://www.theguardian.com/commentisfree/2013/jan/15/why-did-hmv-fail
6. https://www.daxx.com/blog/development-trends/outsourcing-success-stories; https://biz30. timedoctor.com/outsourcing-examples/
7. https://www.forbes.com/sites/forbestechcouncil/2021/06/09/why-poland-should-be-the-next-go-to-it-outsourcing-for-us-startups/?sh=40d0dc1a74d9
8. https://jorgdesign.springeropen.com/articles/10.1186/s41469–018–0035–4
9. https://www.magellan-solutions.com/blog/companies-that-outsource-to-india/; https://www. outsource2india.com/india/outsourcing-customer-support-india.asp
10. Katsuhiko Shimizu and Michael A. Hitt，"Strategic Flexibility: Organizational Preparedness to Reverse Ineffective Strategic Decisions，" *The Academy of Management Executive* (1993–2005) 18，no. 4 (November 2004): 44–59.
11. Katsuhiko Shimizu and Michael A. Hitt，"Strategic Flexibility: Organizational Preparedness to Reverse Ineffective Strategic Decisions，" *The Academy of Management Executive* (1993–2005) 18，no. 4 (November 2004): 44–59.
12. https://keydifferences.com/difference-between-supply-chain-and-value-chain.html
13. 參考Eamonn Kelly與Kelly Marchese的文章：https://www2.deloitte.com/content/ dam/insights/us/articles/platform-strategy-new-level-business-trends/DUP_1048-Business-ecosystems-come-of-age_MASTER_FINAL.pdf
14. https://smallbusiness.chron.com/strengths-weaknesses-supply-chain-75987.html
15. https://www.bcg.com/publications/2019/do-you-need-business-ecosystem

16. https://www2.deloitte.com/us/en/insights/focus/business-trends/2015/supply-chains-to-value-webs-business-trends.html
17. https://www2.deloitte.com/us/en/insights/focus/business-trends/2015/supply-chains-to-value-webs-business-trends.html
18. https://www.investopedia.com/terms/b/business-ecosystem.asp
19. https://smallbizclub.com/run-and-grow/innovation/how-is-a-business-ecosystem-a-key-driver-to-success/; https://www2.deloitte.com/content/dam/insights/us/articles/ platform-strategy-new-level-business-trends/DUP_1048-Business-ecosystems-come-of-age_ MASTER_FINAL.pdf
20. https://www.timreview.ca/article/227 and https://smallbizclub.com/run-and-grow/ innovation/how-is-a-business-ecosystem-a-key-driver-to-success/; https://www.tallyfox.com/ insight/what-value-business-ecosystem
21. Masaaki Imai，*Gemba Kaizen: A Commonsense Approach to a Continuous Improvement Strategy* (New York，NY: McGraw-Hill，2012).
22. https://www.jbs.cam.ac.uk/wp-content/uploads/2020/08/wp1006.pdf
23. https://www.linkedin.com/pulse/death-value-chain-new-world-order-requires-ecosystem-analysis-shwet
24. 想進一步了解協調機制，參考：https://www. bptrends.com/bpt/wp-content/uploads/05–02–2017-COL-Harmon-on-BPM-Value-Chains.pdf
25. Michael A. Hitt，Barbara W. Keats，and Samuel M. DeMarie，"Navigating in the New Competitive Landscape: Building Strategic Flexibility and Competitive Advantage in the 21st Century，" *Academy of Management Perspectives* 12，no. 4 (November 1998). https://doi.org/10.5465/ame.1998.1333922

結語　用創業行銷模型來展望未來曲線

1. https://www.weforum.org/agenda/2021/03/gen-z-unemployment-chart-global-comparisons/ #:~:text=There%20are%20more%20than%202,about%2027%25%20of%20the%20workforce
2. https://www.cfainstitute.org/en/research/esg-investing#:~:text=ESG%20stands%20 for%20Environmental%2C%20Social,material%20risks%20and%20growth%20 opportunities.&text=This%20 guide%20takes%20fiduciary%20duty,important%20ESG%20 issues%20into%20account
3. https://cglytics.com/what-is-esg/
4. https://www.17goalsmagazin.de/en/the-relevance-of-the-sustainable-development-goals-sdgs-for-companies/
5. Please refer to Christian Sarkar and Philip Kotler, *Brand Activism: From Purpose to Action* (Idea Bite Press, 2021).
6. https://english.ckgsb.edu.cn/knowledges/what-hAppened-sharing-economy-in-china/
7. https://ellenmacarthurfoundation.org/topics/circular-economy-introduction/overview
8. https://www.imf.org/en/Publications/WEO/Issues/2020/06/24/WEOUpdateJune2020; https://www.imf.org/en/Publications/WEO/Issues/2022/07/26/world-economic-outlook-update-july-2022
9. https://www.imf.org/en/Publications/WEO/Issues/2022/07/26/world-economic-outlook-update-july-2022
10. https://www.bbc.com/worklife/article/20211022-why-were-so-terrified-of-the-unknown

附錄　創業行銷模型的原型概念

1. https://ich.unesco.org/en/RL/wayang-puppet-theatre-00063
2. Amaresh Datta, *The Encyclopaedia of Indian Literature* (Vol 2: Devraj to Jyoti). (New Delhi: Sahitya Akademi, 1988).
3. https://www.indonesia.travel/gb/en/trip-ideas/wayang-s-own-four-musketeers-punokawan
4. https://indonesiar.com/getting-to-know-the-punakawan-characters-petruk-in-javanese-puppetry/
5. https://soedonowonodjoio.family/the-story-of-our-ancestors/dive-into-the-philosophical-meaning-of-gareng,-javanese-puppet-characters.html
6. Claire Holt, *Art in Indonesia: Continuities and Change* (Ithaca, NY: Cornell University Press, 1967).
7. Kanjiv Lochan, *Medicines of Early India* (with Appendix on a rare ancient text) (Varanasi: Chaukhambha Sanskrit Bhawan, 2003).
8. https://dbpedia.org/describe/?uri=http%3A%2F%2Fdbpedia.org%2Fresource%2FSahadeva
9. https://www.britannica.com/topic/Arjuna
10. https://detechter.com/bhima-who-slayed-all-kauravas-including-duryodhana/
11. https://www.mahabharataonline.com/stories/mahabharata_character.php?id=59

財經企管 BCB821

科特勒談新行銷
大師給企業的新世代行銷建議

Entrepreneurial Marketing:
Beyond Professionalism to Creativity, Leadership, and Sustainability

國家圖書館出版品預行編目（CIP）資料

科特勒談新行銷：大師給企業的新世代行銷建議／菲利浦．科特勒（Philip Kotler），陳就學（Hermawan Kartajaya），許丁宦（Hooi Den Huan），傑克．姆斯里（Jacky Mussry）著；林步昇譯. -- 臺北市：遠見天下文化出版股份有限公司，2023.12
352 面；14.8x21 公分（財經企管：BCB821）
譯自：Entrepreneurial Marketing: Beyond Professionalism to Creativity, Leadership, and Sustainability
ISBN 978-626-355-512-9（平裝）
1. CST：創業　2. CST：行銷學
494.1　112019151

作者 —— 菲利浦．科特勒（Philip Kotler）、
陳就學（Hermawan Kartajaya）、
許丁宦（Hooi Den Huan）、
傑克．姆斯里（Jacky Mussry）
譯者 —— 林步昇

總編輯 —— 吳佩穎
總監暨責任編輯 —— 陳雅如
校對 ——林映華
封面設計 —— 陳文德

出版者 —— 遠見天下文化出版股份有限公司
創辦人 —— 高希均、王力行
遠見．天下文化 事業群榮譽董事長 —— 高希均
遠見．天下文化 事業群董事長 —— 王力行
天下文化社長 —— 王力行
天下文化總經理 —— 鄧瑋羚
國際事務開發部兼版權中心總監 —— 潘欣
法律顧問 —— 理律法律事務所陳長文律師
著作權顧問 —— 魏啟翔律師
地址 —— 台北市 104 松江路 93 巷 1 號 2 樓

讀者服務專線 —— 02-2662-0012 ｜ 傳真 —— 02-2662-0007, 02-2662-0009
電子郵件信箱 —— cwpc@cwgv.com.tw
直接郵撥帳號 —— 1326703-6 號　遠見天下文化出版股份有限公司

電腦排版 —— 綠貝殼資訊有限公司
製版廠 —— 東豪印刷股份有限公司
印刷廠 —— 祥峰印刷事業有限公司
裝訂廠 —— 聿成裝訂股份有限公司
登記證 —— 局版台業字第 2517 號
總經銷 —— 大和書報圖書股份有限公司 電話／(02)8990-2588
出版日期 —— 2023 年 12 月 22 日第一版第 1 次印行
2024 年 7 月 15 日第一版第 2 次印行

定價 —— NT480 元

ISBN —— 978-626-355-512-9
EISBN ——978-626-355-5082（EPUB）、978-626-355-5075（PDF）

書號 —— BCB821
天下文化官網 —— bookzone.cwgv.com.tw